高等院校数字艺术设计系列教材

After Effects CC
影视后期特效制作 案例教程

周玉山 刘慧敏 王雅楠 编著

清华大学出版社
北京

内 容 简 介

本书从实用的角度出发，全面、系统地讲解了After Effects CC 2017的使用方法，内容基本涵盖了软件功能的各个模块。在讲解命令的同时，精心安排了大量实用的案例，帮助读者轻松掌握软件使用的核心技巧，做到学以致用。

全书共分8章，分别为基础知识、运动特效与抠像、文本动画应用、七彩光线飞舞、音频特效、色彩空间与粒子光、雨雾气体大爆炸和综合案例。书中案例采用分布式设定，知识涉及面较广，在编写时从读者职业能力培养角度出发，不是单纯地讲解理论知识，而是从实际案例入手，以点带面，层层解析，最终使读者提升个人创作能力和技能水平，达到行业要求。

本书的全部实战案例均配有多媒体教学视频，详细地讲解了每个案例的制作过程。此外，还附赠素材文件、案例文件、PPT课件等，能够帮助读者逐一解决制作过程中遇到的难题。

本书既可以作为高等院校相关专业的教材，又可以作为影视后期制作培训班的培训教材，还可以作为电子相册设计、视频广告制作、影视后期编辑等相关从业人员的参考书。

图书在版编目(CIP)数据

After Effects CC影视后期特效制作案例教程 / 周玉山，刘慧敏，王雅楠 编著. —北京：清华大学出版社，2020.5（2023.9重印）

高等院校数字艺术设计系列教材

ISBN 978-7-302-55047-1

Ⅰ. ①A… Ⅱ. ①周… ②刘… ③王… Ⅲ. ①图像处理软件—高等学校—教材 Ⅳ. ①TP391.413

中国版本图书馆CIP数据核字(2020)第040718号

责任编辑：李 磊 焦昭君
封面设计：王 晨
版式设计：孔祥峰
责任校对：牛艳敏
责任印制：宋 林

出版发行：清华大学出版社
　　　　　网　　　址：http://www.tup.com.cn，http://www.wqbook.com
　　　　　地　　　址：北京清华大学学研大厦A座　　　　邮　　编：100084
　　　　　社 总 机：010-83470000　　　　　邮　　购：010-62786544
　　　　　投稿与读者服务：010-62776969，c-service@tup.tsinghua.edu.cn
　　　　　质 量 反 馈：010-62772015，zhiliang@tup.tsinghua.edu.cn
印 装 者：三河市铭诚印务有限公司
经　　销：全国新华书店
开　　本：185mm×260mm　　印　张：11.5　　字　数：302千字
版　　次：2020年6月第1版　　印　次：2023年9月第5次印刷
定　　价：59.80元

产品编号：081755-01

After Effects CC

After Effects是Adobe公司推出的一款视频处理软件，适用于从事设计和视频特技制作的机构，包括电视台、动画制作公司、个人后期制作工作室和多媒体工作室。After Effects可以帮助用户高效且精确地创建无数种引人注目的动态图形和震撼人心的视觉效果。利用与其他Adobe软件无与伦比的紧密集成和高度灵活的2D/3D合成，以及数百种预设的效果和动画，可为用户的电影、视频作品增添令人耳目一新的效果。

本书以职业技能为导向，内容安排以案例操作贯穿始终，是一本讲解After Effects及其插件交融应用的技能实战类教材，主要定位于制作影视、动漫、视频特效等。

书中案例采用分布式设定，知识涉及面较广，在编写时从读者职业能力培养角度出发，不是单纯地讲解理论知识，而是从实际案例入手，以点带面，层层解析，最终使读者提升个人创作能力和技能水平，达到行业要求。

本书各章节内容采用"文本+视频+实操"的方式，全程无死角通过视频案例讲解After Effects中的核心内容。

第1章主要讲解After Effects CC的基础操作，以理论+技能的方式展开，介绍素材的导入和剪切、案例制作的完整流程、影片的输出等。

第2章主要讲解运动特效与抠像，内容包括不同图层的应用技巧，利用纯色层的叠加制作纯色演绎效果，将PSD文件导入实现中国风的效果，通过钢笔工具绘制Mask遮罩实现冻结帧效果等。

第3章主要讲解文本动画的应用，内容包括各种文字效果的实现方法，如子弹头特效、随机闪烁、活跃干扰、泡泡字、火焰字、金属字、爆炸字等。

第4章主要讲解七彩光线飞舞，内容包括三维光束、片段转换、描边光线、立体网格、自由流体光、路径粒子光等。

第5章主要讲解音频特效，内容包括背景闪烁、飞舞线条、动感节奏、频谱效果、音画合成等。

第6章主要讲解色彩空间与粒子光，内容包括旧时光、花瓣飘落、皮肤美颜、三原色、魔法手指等。

第7章主要讲解雨雾气体大爆炸，内容包括流动烟雾、雷雨、雪飘、地爆、房屋倒塌等。

第8章主要讲解综合案例的制作，内容包括影视特效、游戏特效、栏目广告。

本书由周玉山、刘慧敏、王雅楠编著。由于编者水平所限，书中难免有疏漏和不足之处，望广大读者批评指正。

本书配套的立体化教学资源中提供了书中所有案例的素材文件、效果文件、教学视频和PPT课件。读者在学习时可扫描下面的二维码，然后将内容推送到自己的邮箱中，即可下载获取相应的资源(注意：请将这两个二维码下的压缩文件全部下载完毕后，再进行解压，即可得到完整的文件内容)。

编　者

After Effects CC | 目录 🔍

第1章 基础知识

第2章 运动特效与抠像

第3章 文本动画应用

 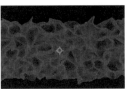  

| 第 4 章 | 七彩光线飞舞 |

| 第 5 章 | 音频特效 |

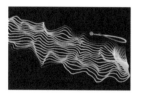 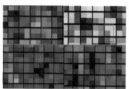  

| 第 6 章 | 色彩空间与粒子光 |

第 7 章　雨雾气体大爆炸

第 8 章　综合案例

第1章
基础知识

本章主要讲解After Effects CC影视编辑合成方面的基础知识。通过本章的学习，读者可以对After Effects CC项目参数设置、工作区域、文件导入及影片输出有深入的了解，以规范后续章节的学习。通过对本章5个案例的讲解，使读者掌握After Effects CC中规范的项目制作流程，以及文件导入和影片输出的方法。

1.1 项目参数设置

素材文件： 无
案例文件： 无
视频教学： 视频教学/第1章/1.1项目参数设置.mp4
技术要点： 掌握After Effects软件中基本参数设置的一般流程

1.1.1 案例思路

本案例简单介绍After Effects CC软件制作项目前参数设置的一般流程，使读者对After Effects CC中的界面、首选项参数设置有初步的认识。

1.1.2 制作步骤

1. 认识"开始"对话框

STEP 1 启动After Effects CC软件，就会弹出【开始】对话框，如图1-1所示。

图1-1

提 示

After Effects CC "开始"对话框中的选项介绍如下。

★ 最近使用项：其中列出了可执行的操作，包括【新建项目】、【打开项目】、【新建团队项目】、【打开团队项目】，其中【新建项目】、【打开项目】是用户在制作一个案例时最先使用到的命令。

★ 名称：指最近保存项目的名称。

★ 上次打开时间：指上次打开项目的时间。

STEP 2 在【开始】对话框中单击【新建项目】按钮，就会直接进入After Effects CC的工作界面，如图1-2所示。

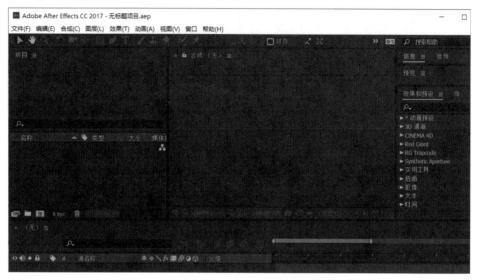

图1-2

2. 设置首选项

STEP 1 执行【编辑】>【首选项】>【常规】命令，打开【首选项】对话框，勾选"允许脚本写入文件和访问网络"和"启用JavaScript调试器"复选框，如图1-3所示。

图1-3

> **提　示**
>
> 　　勾选"允许脚本写入文件和访问网络"复选框和"启用JavaScript调试器"复选框的好处是对今后案例中需要用到的脚本或者插件在安装方面能避免不必要的错误。

STEP 2 在【首选项】对话框中，单击【预览】选项，设置【快速预览】>【自适应分辨率限制】为1/8，如图1-4所示。

图1-4

> **提　示**
>
> 　　【自适应分辨率限制】下拉列表中有1/2、1/4、1/8、1/16四种，值越小，素材预览效果越差。

STEP 3 在【首选项】对话框中，设置【自动保存】选项下的【保存间隔】为5分钟，如图1-5所示。

图1-5

提 示

设置【保存间隔】选项，可降低项目文件由于误操作或发生意外关闭而导致丢失的风险，时间越短，越能够找回最近处理的文件。

1.1.3 技术总结

通过本节的讲解，相信读者对After Effects CC软件有了初步的认识，其中包括启动界面、首选项、脚本写入、保存等设置，为后续使用After Effects CC打下良好的基础。

1.2 工作区域

素材文件： 无

案例文件： 无

视频教学： 视频教学/第1章/1.2工作区域.mp4

技术要点： 掌握After Effects CC的几种工作区域布局及软件界面恢复默认设置

1.2.1 案例思路

本案例主要介绍After Effects CC中的工作区域及软件功能布局。After Effects CC是一款专业的影视特效制作软件。读者了解该软件的工作区域和界面布局，有利于快速掌握软件的基本架构。

1.2.2 制作步骤

1. 工作区介绍

执行【窗口】>【工作区】命令，可查看软件工作区提供的功能面板，如图1-6所示。

图1-6

> **提 示**
>
> 在After Effects CC中可用的面板作用如下。
>
> ★ 【标准】面板：常规处理项目案例的工作区域。
>
> ★ 【小屏幕】面板：简化处理项目案例的工作区域。
>
> ★ 【效果】面板：特效处理项目案例的工作区域。
>
> ★ 【简约】面板：常规优化项目案例的工作区域。
>
> ★ 【动画】面板：常规处理动画项目案例的工作区域。
>
> ★ 【文本】面板：常规处理文本项目案例的工作区域。
>
> ★ 【绘画】面板：常规绘制区域项目案例的工作区域。
>
> ★ 【运动追踪】面板：常规运动追踪区域案例的工作区域。

2. 恢复默认布局

在操作的过程中，不小心关闭了某一个窗口或者面板时，可执行【窗口】>【工作区】>【将"标准"重置为已保存的布局】命令，如图1-7所示，使界面恢复成默认状态。

图1-7

3. 工作界面介绍

软件的工作界面如图1-8所示。

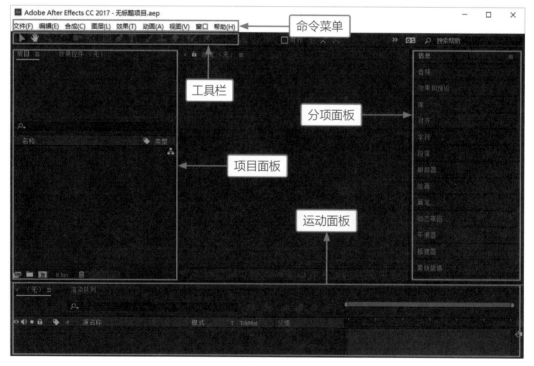

图1-8

提 示

工作界面中包括如下组成部分。

✦ 命令菜单：包含After Effects CC软件中所有的特效命令。

✦ 工具栏：包含After Effects CC软件中处理项目的各种工具。

✦ 分项面板：包含多个小面板，例如"信息"面板、"音频"面板、"字符"面板、"段落"面板、"对齐"面板等，对案例制作起到辅助作用。

✦ 项目面板：包含目前所创建的项目名称。

✦ 运动面板：用于添加关键帧动画、图层模式和脚本语言。

1.2.3 技术总结

通过本节的讲解，使读者在短时间内掌握After Effects CC的软件界面功能以及各个工作界面的功能，为读者快速入门打下良好的基础。

1.3 合成与设置 🔍

素材文件： 素材文件/第1章/1.3合成与设置

案例文件： 案例文件/第1章/1.3合成与设置.aep

视频教学： 视频教学/第1章/1.3合成与设置.mp4

技术要点： 掌握项目合成流程及标清、高清大小设置方法

1.3.1 案例思路

本案例介绍After Effects CC中项目合成流程和修改设置，主要讲解After Effects CC工作区和成片输出等知识，使读者掌握这些合成与设置方法，为下一步案例制作厘清思路。

1.3.2 制作步骤

1. 项目合成

STEP 1 打开After Effects CC软件，执行【合成】>【新建合成】命令，在打开的对话框中，设置【合成名称】为"项目合成流程"，【预设】为"HDV/HDTV 720 25"，【宽度】为1280px，【高度】为720px，【帧速率】为25帧/秒，【持续时间】为0:00:05:00，如图1-9所示。

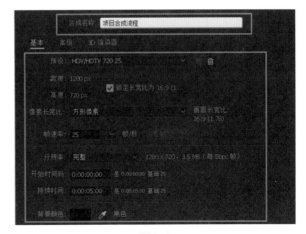

图1-9

STEP 2 双击【项目】面板的空白处，在弹出的【导入文件】对话框中，导入"角色.png""场景.jpg"作为素材，如图1-10所示。

STEP 3 将【项目】面板中的"角色.png""场景.jpg"拖曳到【项目合成流程】时间线上，如图1-11所示，效果如图1-12所示。

图1-10

图1-11

图1-12

2. 关键帧动画

STEP 1 选择"角色.png"素材，在0:00:00:00处，执行【变换】>【位置】命令，设置【位置】为"-320.0,360.0"，如图1-13所示。将【当前时间指示器】拖曳到0:00:02:00处，设置【位置】为"640.0,360.0"，如图1-14所示。

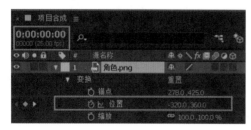

图1-13

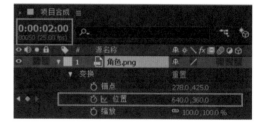

图1-14

STEP 2 预览视频，查看效果，如图1-15所示。

图1-15

常用预览视频的方法有以下两种。

★ 普通预览：按键盘上的【空格】键。

★ 内存预览：按小键盘上的【0】键。

3. 更改合成设置

STEP 1 在【项目】面板中选择"项目合成"合成，执行【合成】>【合成设置】命令，如图1-16所示。设置【合成名称】为"项目合成"，【预设】为"HDTV 1080 25"，【宽度】为1920px，【高度】为1080px，【帧速率】为25帧/秒，【持续时间】为0:00:10:00，如图1-17所示。

STEP 2 查看合成设置，如图1-18所示。

图1-16

图1-17

图1-18

在案例操作中，如果出现素材与合成窗口不匹配的情况，一般都是通过更改【合成设置】的参数来修改合成大小、时间长度。

1.3.3 技术总结

通过本案例的制作，相信读者对合成的新建、设置和修改有了一定的经验。在本案例中，为读者加入了关键帧动画制作技术，对初期学习After Effects CC软件起到帮助作用。

1.4 文件导入 🔍

素材文件： 素材文件/第1章/1.4文件导入

案例文件： 案例文件/第1章/1.4文件导入.aep

视频教学： 视频教学/第1章/1.4文件导入.mp4

技术要点： 不同类型视音频文件的导入设置，方便后续案例的制作

1.4.1 案例思路

本案例主要介绍After Effects CC中不同格式文件的导入方法。文件导入是制作案例环节必不可少的步骤，掌握各种文件导入方法，能对制作项目案例起到积极的作用。

1.4.2 制作步骤

1. 导入图片

STEP 1 新建项目和【HDV/HDTV 720 25】预设合成，设置【合成名称】为"文件导入"，【持续时间】为0:00:05:00，如图1-19所示。

STEP 2 执行【文件】>【导入】>【文件】命令，如图1-20所示，弹出【导入文件】对话框，选择所要导入的素材"图片01.jpg"，如图1-21所示。

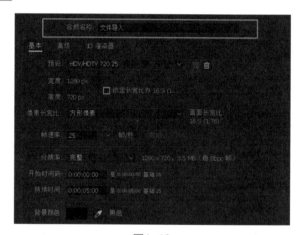

图1-19

图1-20

图1-21

导入文件的常用方法有以下两种。

★ 执行【文件】>【导入】命令，可以导入After Effects CC所支持的常用素材。

★ 在【项目】面板的空白处双击，可以快速地导入文件素材，后续大部分案例的素材导入操作均会采用这种形式。

STEP 3 将导入【项目】面板中的素材"图片01.jpg"拖曳到【文件导入】时间线上，如图1-22所示。

图1-22

2. 导入图片序列

STEP 1 双击【项目】面板的空白处，在弹出的【导入文件】对话框中，查找路径，勾选【PNG序列】复选框，选择首个编号素材"1_00000.jpg"，选择所要导入的素材"1_00000.png"，然后单击【导入】按钮，如图1-23所示。

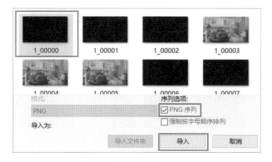

图1-23

STEP 2 将【项目】面板中的素材"1_00000.png"拖曳到下方【合成1】面板的合成轨道上，如图1-24所示。

图1-24

3. 导入PSD文件

STEP 1 在【项目】面板的空白处双击，在弹出的【导入文件】对话框中，查找素材路径，找到"图片02.psd"，然后单击【导入】按钮，如图1-25所示。

图1-25

STEP 2 在导入文件过程中，就会弹出相应的设置选项，将【导入种类】选项由【素材】更改为【合成-保持图层大小】，然后单击【确定】按钮，如图1-26所示。

STEP 3 在导入文件后，查看【项目】面板中的"图片02.psd"素材，分别生成"图片02"合成和"图片02个图层"文件夹，如图1-27所示。

图1-26

图1-27

提 示

在导入文件时，可设置如下选项。

◆ 导入种类>素材：PSD文件会把所有图层合并成一张图片。

◆ 图层选项>合并的图层：PSD文件会把所有图层合并成一张图片。

◆ 图层选项>选择图层：可以把PSD中文件的某一层单独导入进来。

◆ 导入种类>合成：PSD文件中的图层和AE文件中的图层保持一一对应。

◆ 导入种类>合成-保持图层大小：PSD文件中的图层和AE文件中的图层保持一一对应，保持每个图层在PSD中的原始大小。

◆ 图层选项>可编辑的图层样式：PSD文件中的图层样式导入After Effects CC中可以进行编排。

◆ 图层选项>合并图层样式到素材：PSD文件中的图层样式导入After Effects CC中不可以进行编排。

4. 导入PNG文件

STEP 1 双击【项目】面板的空白处，在弹出的【导入文件】对话框中，查找路径，导入"图片03.tga"作为素材，然后单击【导入】按钮，如图1-28所示。

图1-28

STEP 2 在导入文件的同时，就会弹出【解释素材:图片03.tga】对话框，默认选择【直接-无遮罩】单选按钮，然后单击【确定】按钮，如图1-29所示。

图1-29

> **提 示**
>
> "解释素材"对话框中的选项如下。
>
> ✦ Alpha>忽略：指TGA/PNG文件里面的透明通道不显示，背景不透明。
>
> ✦ Alpha>直接-无遮罩：指TGA/PNG文件里面的透明通道显示，背景透明，适合2D软件制作的文件。
>
> ✦ Alpha>预乘-有彩色遮罩：指TGA/PNG文件里面的透明通道显示，背景透明，适合3D软件渲染输出的文件。
>
> ✦ 猜测：让After Effects CC自动判断选项。
>
> ✦ 反转Alpha：透明区域进行反转。

5. 导入视频

STEP 1 双击【项目】面板的空白处，在弹出的【导入文件】对话框中，查找素材路径，找到"视频01.mov"作为素材，然后单击【导入】按钮，如图1-30所示。

STEP 2 将素材"视频01.mov"拖曳到【文件导入】面板的合成轨道上，如图1-31所示。

图1-30

图1-31

6. 导入音频

STEP 1 在【项目】面板的空白处双击，在弹出的【导入文件】对话框中，查找路径，导入"音频01.mp3"作为素材，然后单击【导入】按钮，如图1-32所示。

STEP 2 将素材"音频01.mp3"拖曳到【文件导入】面板的合成轨道上，如图1-33所示。

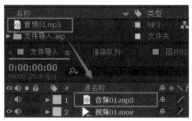

图1-32

图1-33

1.4.3 技术总结

通过本案例的讲解，相信读者对导入各种常用类型的素材有了一定的了解。本案例导入常见的几种文件类型，包括图片、图片序列、视频、音频等，应用到"*.jpg""*.png""*.psd""*.mp4""*.mp3"格式。当然该软件还可以导入许多其他格式，如"*.mov""*.wav"等。

| 1.5 影片输出

素材文件： 素材文件/第1章/1.5影片输出

案例文件： 案例文件/第1章/1.5影片输出.aep

视频教学： 视频教学/第1章/1.5影片输出.mp4

技术要点： After Effects CC中影片的输出设置及格式设定，方便成片案例制作

1.5.1 案例思路

本案例主要介绍After Effects CC中视频和音频、图片序列的输出设置。影片的输出是制作过程的最后环节，掌握正确的影片输出设置，有利于后续案例的开展。

1.5.2 制作步骤

1. 打开合成文件

STEP 1 执行【文件】>【打开项目】命令，查找路径，打开"影片输出.aep"文件，如图1-34所示。

STEP 2 查看文件效果，如图1-35所示。

图1-34

图1-35

提　示

"影片输出.aep"文件是After Effects CC中默认保存的工程文件格式，在本案例中直接调用。

---

2. 影片设置与输出

STEP 1 执行【合成】>【预渲染】命令，进入【渲染队列】面板，如图1-36所示。

STEP 2 设置【渲染设置】>【品质】为"最佳"，如图1-37所示。设置【输出模块设置】>【主要选项】>【格式】为QuickTime，如图1-38所示。设置【QuickTime选项】>【视频编解码器】为"Photo-JPEG"，【基本视频设置】>【品质】为74，如图1-39所示。

STEP 3 设置【输出到】模块，单击"合成1.mov"，弹出【将影片输出到】对话框，确定合成存放的位置，然后保存为"1.5影片输出.mov"，单击【保存】按钮，如图1-40所示。

STEP 4 回到【渲染队列】面板，单击【渲染】按钮进行影片输出，如图1-41所示，效果如图1-42所示。

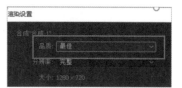

图1-36　　　　　　　　　　　　　　　　　　图1-37

图1-38　　　　　　　　　　　　　　　　　　图1-39

图1-40　　　　　　　　　　　　　　图1-41

图1-42

1.5.3 技术总结

　　通过本案例的讲解，相信读者能够很好地掌握对After Effects CC中各种常用类型的视音频文件输出设置。本节主要讲解了最常见的案例文件的输出流程及保存设置的方法、格式的选择，最终形成一个具有特点的小案例。

第 2 章
运动特效与抠像

　　本章主要讲解运动特效与抠像的案例。通过对本章7个案例的讲解，读者可以掌握各类图层的创建方法及应用技巧，属性动画、表达式的初级用法及素材特效的编辑技巧。

2.1　多样图层

素材文件： 无
案例文件： 案例文件/第2章/2.1多样图层.aep
视频教学： 视频教学/第2章/2.1多样图层.mp4
技术要点： 掌握After Effects中各类图层的创建和应用方法

2.1.1　案例思路

　　本案例简单介绍了After Effects CC中不同图层的创建和设置方法，使读者对该软件中文字层、纯色层、灯光层、摄像机层、空对象层、形状图层进行全面的了解。

2.1.2　制作步骤

　　1. 文字层

STEP 1 新建项目和【HDV 720p25】合成。

STEP 2 执行【图层】>【新建】>【文本】命令，创建空文本图层，如图2-1所示。

STEP 3 在【空文本图层】窗口中输入文字"运动特效与抠像"，文本创建完成，如图2-2所示。

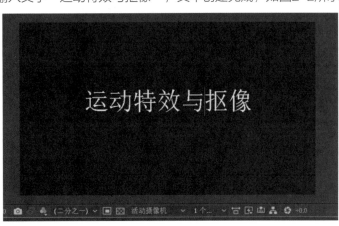

图2-1

图2-2

STEP 4 打开【字符】面板，设置【字体
样式】为Fixedsys，【字体颜色】为
白色，【字体大小】为103，【字体左
右拉伸】为100%，【字体上下拉伸】
为100%，并设置 **T** "加粗"和 **T** "斜
体"，如图2-3所示。

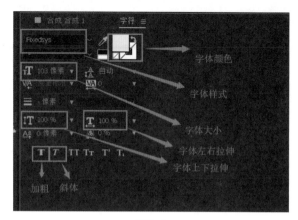

图2-3

提 示

　　除了上面介绍的创建文本的方法之外，还会经常用到工具栏上的 **T** (文本工具)创建文字，然
后可设置如下选项。

✦　字体样式：更改文本的类型。

✦　字体颜色：更改文本的颜色。

✦　字体大小：更改文本的大小。

---

　　2. 纯色层

STEP 1 执行【图层】>【新建】>【纯色】命令，
创建纯色图层，如图2-4所示。

STEP 2 在弹出的【纯色设置】对话框上，设置
【名称】为"多样图层"，【宽度】为1280像
素，【高度】为720像素，【颜色】为"紫罗兰
(R:239,G:18,B:199)"，如图2-5所示。

STEP 3 在【合成1】窗口中查看效果，如图2-6所示。

图2-4

图2-5

图2-6

> **提　示**
>
> 纯色层相当于一个不透明的色块，一般可以在上面添加文本、灯光、粒子特效。

3.灯光层

STEP 1 执行【图层】>【新建】>【灯光】命令，创建灯光图层，如图2-7所示。

STEP 2 在弹出的【灯光设置】对话框上，设置灯光【名称】为"灯光1"，【灯光类型】为"聚光"，【颜色】为"橙色(R:255,G:155,B:22)"，【强度】为100%，【锥形角度】为90°，【锥形羽化】为50%，【衰减】为"无"，如图2-8所示。

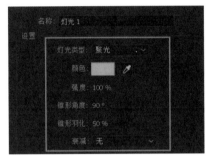

图2-7　　　　　　　　　　　　　　　　图2-8

STEP 3 单击【确定】按钮后，会弹出【警告】对话框，直接单击【确定】按钮，如图2-9所示。

STEP 4 回到时间线面板，分别选择"运动特效与抠像"和"洋红色 纯色1"右侧的 ⬡ (3D图层)图标，如图2-10所示。

图2-9　　　　　　　　　　　　　　　　图2-10

STEP 5 查看【合成1】窗口，灯光的照明效果就出现了，如图2-11所示。

> **提　示**
>
> 灯光层基础知识
>
> ★　设置灯光层时，如果出现【警告】对话框，是因为合成中的全部图层都是2D图层，选择 ⬡ (3D图层)图标转换成3D图层就可以解决。
>
> ★　双击灯光层，可以重新设置灯光层的参数。

图2-11

4. 摄像机层

STEP 1 ► 执行【图层】>【新建】>【摄像机】命令，创建摄像机图层，如图2-12所示。

图2-12

STEP 2 ► 在弹出的【摄像机设置】对话框中，设置【名称】为"摄像机1"，【预设】为50毫米，如图2-13所示。

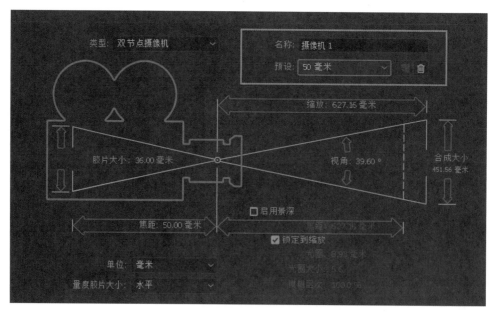

图2-13

STEP 3 ► 查看时间线面板，"摄像机1"图层创建完成，如图2-14所示。

STEP 4 ► 单击【合成1】窗口下方的【选择视图布局】图标，将【合成1】窗口更改为"2个视图-水平"，如图2-15所示。

图2-14

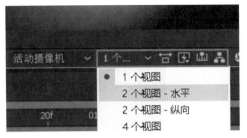

图2-15

STEP 5 回到"摄像机1"图层，在【合成1】窗口下方左侧的【顶】视图中就会出现一个摄像机，摄像机动画制作在这里进行，如图2-16所示。

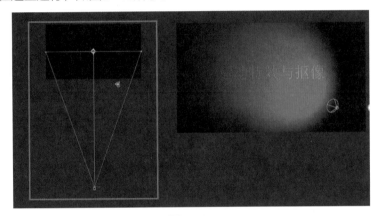

图2-16

提　示

操控摄像机层时，通常是先选择视图布局，在多视图的状态下进行，而且图层必须是3D层。

5. 空对象层

STEP 1 执行【图层】>【新建】>【空对象】命令，创建空对象层，如图2-17所示。

图2-17

STEP 2 查看时间线面板，新增一个"空1"图层，如图2-18所示，效果如图2-19所示。

图2-18

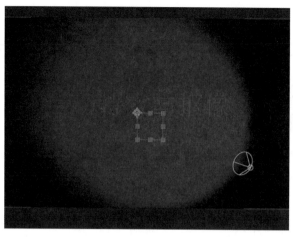

图2-19

6. 形状图层

STEP 1 执行【图层】>【新建】>【形状图层】命令，创建形状图层，如图2-20所示。

STEP 2 在【合成1】窗口中，按住鼠标左键拖曳出一个红色带描边效果的矩形形状图层，如图2-21所示。

图2-20

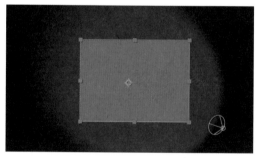

图2-21

7. 调整图层

STEP 1 执行【图层】>【新建】>【调整图层】命令，创建调整图层，如图2-22所示。

STEP 2 查看时间线面板，新增"调整图层1"，如图2-23所示。

图2-22　　　　　　　　　　　　　图2-23

 提　示

调整图层上面可以添加任何滤镜特效，并且会影响到其下的所有图层。

2.1.3　技术总结

通过本节的讲解，相信读者已经掌握After Effects CC软件中不同图层的创建及应用技巧，在After Effects CC的案例制作中，图层的运用是必不可少的。读者熟练掌握图层的应用技巧可为案例的制作打下良好的基础。

2.2　纯色演绎

素材文件： 无

案例文件： 案例文件/第2章/2.2纯色演绎.aep

视频教学： 视频教学/第2章/2.2纯色演绎.mp4

技术要点： 掌握After Effects CC中【位置】、【旋转】、【缩放】、【透明度】特效命令的应用

2.2.1　案例思路

本案例主要介绍在After Effects CC中利用纯色层设定关键帧动画。关键帧属性主要包括【位置】、【旋转】、【缩放】、【透明度】等。

2.2.2　制作步骤

1. 纯色层动画

STEP 1 新建项目和【HDV/HDTV 720 25】预设合成，设置【持续时间】为0:00:05:00，如图2-24所示。

STEP 2 执行【图层】>【新建】>【纯色】命令，创建纯色层，如图2-25所示。

STEP 3 选择"黑色 纯色 1"图层，执行【编辑】>【重复】命令，对图层进行复制，如图2-26所示。

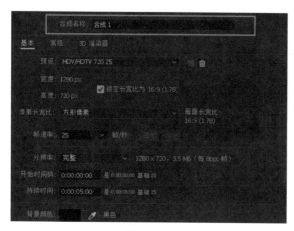

图2-24

图2-25

图2-26

STEP 4 选择上方的"黑色 纯色 1"图层，如图2-27所示。执行【图层】>【纯色设置】命令，设置【颜色】为"洋红色(R:226,G:0,B:219)"，如图2-28所示。

图2-27

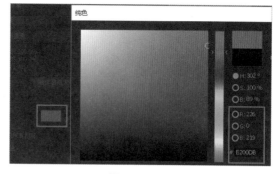

图2-28

STEP 5 展开【洋红色 纯色1】>【变换】>【缩放】选项，取消【约束比例】，将【当前时间指示器】移动到0:00:00:00处，设置【缩放】为"9.0,100.0%"，如图2-29所示。将【当前时间指示器】移动到0:00:00:10处，设置【缩放】为"100.0,100.0%"，如图2-30所示，效果如图2-31所示。

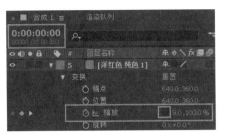

图2-29

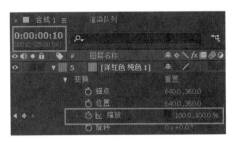

图2-30

图2-31

提 示

变换操作有如下几种。

★ 锚点：常用快捷键是A，调整图形、图像的轴心点。

★ 位置：常用快捷键是P，移动图形、图像的位置，制作位移动画。

★ 缩放：常用快捷键是S，放大或缩小图形、图像，制作缩放动画。

★ 旋转：常用快捷键是R，旋转图形、图像，制作旋转动画。

★ 不透明度：常用快捷键是T，为图形、图像制作透明度动画。

STEP 6 执行【图层】>【新建】>【纯色】命令，在弹出的【纯色设置】对话框中，设置【颜色】为"蓝色(R:20,G:0,B:26)"，效果如图2-32所示。

STEP 7 复制"洋红色 纯色1"图层的缩放关键帧，拖曳【当前时间指示器】到0:00:00:10处进行粘贴，单击工具栏上的▶(选取工具)进行剪切，如图2-33所示，效果如图2-34所示。

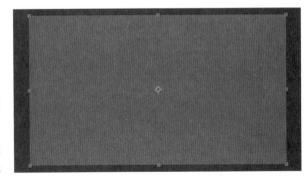

图2-32

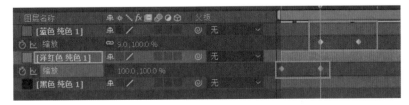

图2-33

图2-34

STEP 8 选择"蓝色 纯色1"图层，按键盘上的快捷键Ctrl+D进行复制，将新复制的"蓝色 纯色1"移动到0:00:00:20处，如图2-35所示。

图2-35

STEP 9 选择"蓝色 纯色 1"图层，执行【图层】>【纯色设置】命令，设置【名称】为"青绿色 纯色2"，【颜色】为"青绿色(R:18,G:239,B:147)"，如图2-36所示，效果如图2-37所示。

图2-36

图2-37

STEP 10 选择"青绿色 纯色2"图层，按键盘上的快捷键Ctrl+D，复制新图层"青绿色 纯色2"，将其拖曳到0:00:01:05处，如图2-38所示。

图2-38

STEP 11 选择"青绿色 纯色 2"图层，执行【图层】>【纯色设置】命令，设置【名称】为"黄色 纯色2"，【颜色】为"黄色(R:239,G:210,B:18)"，如图2-39所示，效果如图2-40所示。

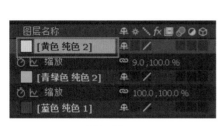

图2-39　　　　　　　　　　　　　　　　　图2-40

2. 文字层动画

STEP 1 单击工具栏上的 T (文本工具)，在【合成1】窗口中输入"发现生活之美"，设置【字体颜色】为"白色(R:235,G:235,B:235)"，如图2-41所示。

图2-41

STEP 2 设置文本动画，在0:00:01:15处，设置【变换】>【位置】为"-260.0,342.0"，如图2-42所示。在0:00:02:00处，设置【位置】为"838.1,342.0"，如图2-43所示。在0:00:02:08处，设置【位置】数值为"660.0,342.0"，如图2-44所示。

图2-42　　　　　　　　　　　　　　　　　图2-43

图2-44

STEP 3 查看案例最终效果，如图2-45所示。

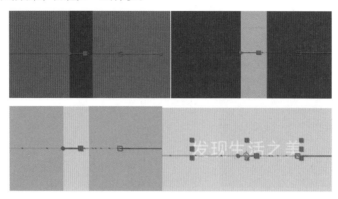

图2-45

2.2.3 技术总结

本节通过"纯色演绎"案例的讲解，相信读者对After Effects CC软件中不同纯色层制作关键帧动画有了详细的了解，利用图层的排序、文本动画设置，完成案例的制作，学会本节内容可为进阶案例制作打下良好的基础。

2.3 蝴蝶飞舞

素材文件： 素材文件/第2章/2.3蝴蝶飞舞

案例文件： 案例文件/第2章/2.3蝴蝶飞舞.aep

视频教学： 视频教学/第2章/2.3蝴蝶飞舞.mp4

技术要点： 掌握After Effects CC中PSD素材文件导入、3D图层添加、3D图层动画、循环表达式等相关功能和设置技巧

2.3.1 案例思路

本案例讲解了在After Effects CC中导入外部PSD素材文件，通过更改图片轴心点，添加3D图层制作旋转动画，最后应用循环脚本的方式，让读者掌握"蝴蝶飞舞"动画的核心应用技巧。

2.3.2 案例步骤

1. 制作蝴蝶动画

STEP 1 新建项目和【HDV/HDTV 720 25】预设合成，设置【持续时间】为0:00:05:00，如图2-46所示。

STEP 2 双击【项目】面板的空白处，在弹出的【导入文件】对话框中，查找路径，导入"蝴蝶.psd"作为素材，设置【导入种类】为"合成-保持图层大小"，【图层选项】为"可编辑的图层样式"，生成一个图层和一个文件夹。双击"蝴蝶"，进入"蝴蝶"合成内部，打开(透明栅格)按钮，效果如图2-47所示。

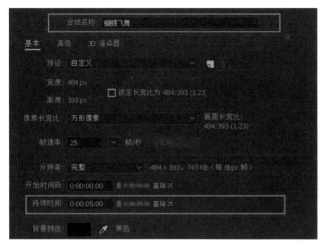

图2-46　　　　　　　　　　　　　　图2-47

STEP 3 单击"蝴蝶"合成中"图层1""图层2"和"图层2拷贝"三个图层右侧的■(3D图层)图标，制作蝴蝶翅膀扇动效果，如图2-48所示。

STEP 4 单击工具栏上的■(锚点工具)，设置"图层1""图层2"和"图层2拷贝"三个图层的轴心点，制作旋转效果，如图2-49所示。

图2-48　　　　　　　　　　　　　　图2-49

STEP 5 在0:00:00:00处，设置【图层1】>【方向】为"0.0°,0.0°,345.0°"、【X轴旋转】为"0×+0.0°"，设置【图层2拷贝】>【方向】为"0.0°,288.0°,0.0°"、【X轴旋转】为"0×-23.0°"，设置【图层2】>【方向】为"0.0°,84.0°,0.0°"、【X轴旋转】为"0×+24.0°"，如图2-50所示。

STEP 6 将【当前时间指示器】拖曳到0:00:00:03处，设置【图层2拷贝】>【方向】为"0.0°,82.0°,0.0°"、【X轴旋转】为"0×+24.0°"，设置【图层2】>【方向】为"0.0°,279.0°,0.0°"、【X轴旋转】为"0×-23.0°"，如图2-51所示。

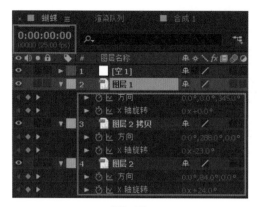

图2-50

图2-51

STEP 7 将【当前时间指示器】拖曳到0:00:00:00处，选择"图层1""图层2"和"图层2拷贝"，按键盘上的U键，展开图层关键帧，选择三个图层的关键帧，按键盘上的快捷键Ctrl+C进行复制；拖曳【当前时间指示器】到0:00:00:06处，按键盘上的快捷键Ctrl+V进行粘贴，如图2-52所示。

图2-52

提　示

复制和粘贴图层关键帧的技巧如下。

★ 复制图层关键帧的快捷键为Ctrl+C。

★ 粘贴图层关键帧的快捷键为Ctrl+V。

★ 复制和粘贴图层的多个关键帧时，需要一个一个地进行复制粘贴，不可以一起复制。

STEP 8 选择"图层1""图层2"和"图层2拷贝"，按键盘上的Alt键，单击【方向】>【表达式：方向】右侧的 ◎ (表达式语言菜单)图标，在打开的菜单中选择Property> loopOut(type="cycle", numKeyframe=0)，设置【X轴旋转】，按住键盘上的Alt键，单击【方向】右侧的 ◎ (表达式语言菜单)图标，在打开的菜单中选择 Property > loopOut(type= "cycle", numKeyframe=0)，如图2-53所示。

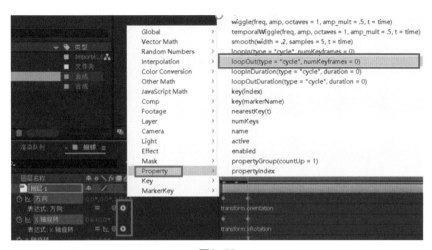

图2-53

提　示

loopOut(type="cycle",numKeyframe=0)循环语句，控制物体的重复性运动。

STEP 9 执行【图层】>【新建】>【空对象】命令，单击工具栏上的▓(锚点工具)，调整"空对象"的轴心点，选择◈(3D图层)图标，如图2-54所示。

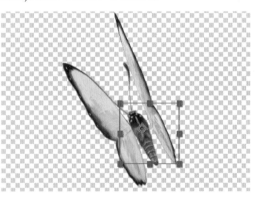

图2-54

STEP 10 选择"图层1""图层2"和"图层2拷贝"，按住◉(父级螺旋线)图标拖曳到【空1】，进行父子链接，如图2-55所示。选择"空1"图层，设置【空1】>【方向】为"0.0°,72.0°,0.0°"，【X轴旋转】为"0×-20.0°"，【Y轴旋转】为"0×-16.0°"，【Z轴旋转】为"0×+36.0°"，如图2-56所示。

图2-55

图2-56

2. 案例合成

STEP 1 回到"合成1"图层，导入"中国风.jpg"作为背景素材，将其拖曳到时间线面板，选择 (3D图层)图标，设置【Z轴旋转】为"0×+15.0"，【缩放】为"70.0,70.0,70.0%"，在0:00:00:00处，设置【位置】为"-158.0,510.0,0.0"，【缩放】为"70.0,70.0,70.0%"，定义关键帧，如图2-57所示。拖曳【当前时间指示器】到0:00:00:10处，设置【位置】为"193.0,307.0,0.0"，【缩放】为"70.0,70.0,70.0%"，如图2-58所示。拖曳【当前时间指示器】到0:00:00:20处，设置【位置】为"640.0,121.0,0.0"，【缩放】为"70.0,70.0,70.0%"，如图2-59所示。拖曳【当前时间指示器】到0:00:01:05处，设置【位置】为"1123.0,203.0,0.0"，【缩放】为"40.0,40.0,40.0%"，如图2-60所示。

图2-57

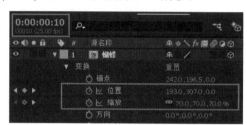

图2-58

图2-59

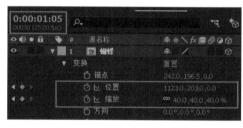

图2-60

STEP 2 查看案例最终效果，如图2-61所示。

图2-61

2.3.3 技术总结

本节通过对"蝴蝶飞舞"案例的讲解，相信读者对After Effects CC软件中导入PSD文件、更改图片轴心点、应用3D图层和循环脚本有了深入的了解。本例通过转换3D图层进行动画制作，添加循环脚本语言，达到案例制作要求。

2.4 静止的时间

素材文件： 素材文件/第2章/2.4静止的时间
案例文件： 案例文件/第2章/2.4静止的时间.aep
视频教学： 视频教学/第2章/2.4静止的时间.mp4
技术要点： 掌握After Effects CC项目合成中关于冻结帧的设置方法

2.4.1 案例思路

本案例主要介绍After Effects CC中的时间帧冻结效果。时间帧冻结是影视后期合成经常用到的命令，采用钢笔工具绘制蒙版与时间帧冻结相结合，有利于影视特效案例的制作。

2.4.2 制作步骤

1. 时间帧冻结效果

STEP 1 新建项目和【HDV/HDTV 720 25】预设合成，设置【持续时间】为0:00:06:00，如图2-62所示。

STEP 2 双击【项目】面板的空白处，在弹出的【导入文件】对话框中，导入"视频01.mov"作为素材文件，将其拖曳到时间线面板中，然后按键盘上的快捷键Ctrl+D，对图层进行复制，如图2-63所示。

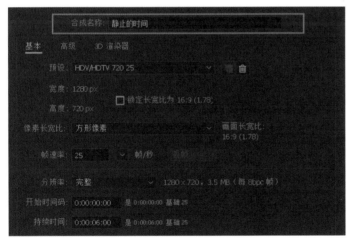

图2-62   图2-63

STEP 3 将【当前时间指示器】拖曳到0:00:00:12处，按键盘上的快捷键Alt+】，对新复制的"视频01.mov"的尾部进行剪切，如图2-64所示。选择最下方的"视频01"图层，再次按键盘上的快捷键Ctrl+D进行复制，将【当前时间指示器】拖曳到0:00:02:11处，再次进行剪切，如图2-65所示。

图2-64   图2-65

STEP 4 选择最上方的"视频01.mov",执行【图层】>【时间】>【冻结帧】命令,将其移动到0:00:00:12处,如图2-66所示。选择中间的"视频01.mov",重复上一步操作,将其移动到0:00:02:11处,如图2-67所示。

图2-66   图2-67

2. 蒙版抠除效果

STEP 1 选择最上方的"视频01.mov",在0:00:00:12处,使用 (钢笔工具)绘制蒙版,如图2-68所示。

STEP 2 选择中间的"视频01.mov",在0:00:00:12处,使用 (钢笔工具)绘制蒙版,如图2-69所示。

STEP 3 查看案例最终效果,如图2-70所示。

图2-68

图2-69   图2-70

2.4.3 技术总结

通过本案例的讲解,相信读者对After Effects CC中的冻结时间帧应用视频特效有了一个全新的认识。冻结时间帧、静止帧、钢笔工具抠像等都是影视特效制作中的常用功能。读者掌握时间帧应用可为影视特效制作打下良好的基础。

2.5　幻影效果

素材文件： 素材文件/第2章/2.5幻影效果
案例文件： 案例文件/第2章/2.5幻影效果.aep
视频教学： 视频教学/第2章/2.5幻影效果.mp4
技术要点： 熟悉After Effects CC中【残影】特效命令的使用

2.5.1　案例思路

本案例主要介绍视频特效中幻影效果的制作和残影效果的设置。通过给一段实拍影片角色加入幻影效果，来增强画面氛围，这种处理手法在视频特效制作中应用较为广泛。

2.5.2　制作步骤

1. "残影"效果

STEP 1 新建项目和【HDV/HDTV 720 25】预设合成，设置【持续时间】为0:00:05:00，如图2-71所示。

图2-71

STEP 2 双击【项目】面板的空白处，在弹出的【导入文件】对话框中，导入"视频01.mov"作为素材文件，然后将其拖曳到时间线面板中，如图2-72所示。

STEP 3 选择"视频01.mov"素材，执行【效果】>【时间】>【残影】命令，为"视频01.mov"素材添加残影特效，如图2-73所示。

图2-72

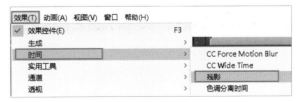

图2-73

2. "残影"效果设置

STEP 1 添加【残影】效果，设置【残影时间(秒)】
为-0.033，【残影数量】为4，【衰减】为0.45，
【残影运算符】为"滤色"，如图2-74所示。

STEP 2 将【当前时间指示器】拖曳到0:00:02:14
处，设置【残影时间(秒)】为-0.033，如图2-75所
示。拖曳到0:00:02:19处，设置【残影时间(秒)】
为0，如图2-76所示。

图2-74

图2-75

图2-76

STEP 3 查看案例最终效果，如图2-77所示。

图2-77

2.5.3 技术总结

通过本案例的讲解，相信读者已经掌握了在After Effects CC软件中为视频添加幻影特效的方
法，通过设置残影效果参数，能够实现许多意想不到的效果。

2.6 古风手写字

素材文件： 素材文件/第2章/2.6古风手写字
案例文件： 案例文件/第2章/2.6古风手写字.aep
视频教学： 视频教学/第2章/2.6古风手写字.mp4

技术要点： 熟悉After Effects CC中Mask遮罩、描边、蒙版和形状路径、贝塞尔曲线变形、三色调等特效功能的应用

2.6.1 案例思路

本案例利用图片素材与文本路径动画相结合的方式制作古风手写字效果，在案例制作过程中，可以学习使用钢笔工具绘制Mask遮罩，字体填充与描边，制作蒙版，通过修剪动画技术实现古风手写字的效果。

2.6.2 制作步骤

1. 创建形状描边

STEP 1 新建项目和【HDV/HDTV 720 25】预设合成，设置【持续时间】为0:00:05:00，如图2-78所示。

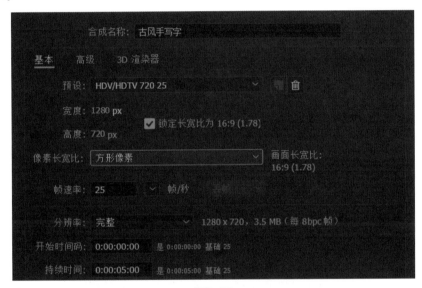

图2-78

STEP 2 双击【项目】面板的空白处，在弹出的【导入文件】对话框中，查找路径，导入"毛笔字.psd""背景.jpg"作为素材，将其拖曳到时间线面板中，如图2-79所示。

图2-79

STEP 3 单击工具栏上的 (钢笔工具)，关闭【填充】，设置【描边】为66像素，如图2-80所示。依据字体的书写顺序依次绘制，如图2-81所示。

图2-80

> **提 示**
>
> 文本绘制过程如下。
>
> ★ 按照笔画书写顺序依次绘制，绘制完成一个部首，单击空白处，重新绘制另一个。
>
> ★ 绘制的白色描边一定要包裹住下面的字体。
>
> ★ 在绘制过程中如果描边包裹不住字体，可以继续增大或者缩小描边值。

STEP 4 依次绘制剩余的部首，如图2-82所示。

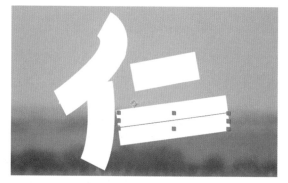

图2-81   图2-82

2. 创建修剪动画

STEP 1 设置"形状图层1"，单击【添加】>【修剪路径】命令，在0:00:00:00处，设置【修剪路径1】>【结束】为0.0%，如图2-83所示。拖曳【当前时间指示器】到0:00:00:10处，设置【修剪路径1】>【结束】为100.0%，重复上一步操作，如图2-84所示，效果如图2-85所示。

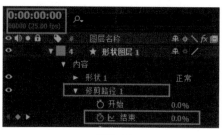
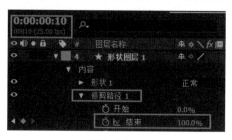

图2-83   图2-84

图2-85

STEP 2 选择"形状图层1"的关键帧，按键盘上的快捷键Ctrl+C进行复制；选择"形状图层2"，在0:00:00:10处进行粘贴；选择"形状图层3"，在0:00:00:20处进行粘贴；选择"形状图层4"，在0:00:01:05处进行粘贴，如图2-86所示。

STEP 3 选择所有的"形状图层"，执行【图层】>【预合成】命令，预合成参数默认，如图2-87所示。

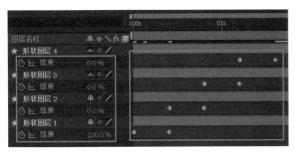

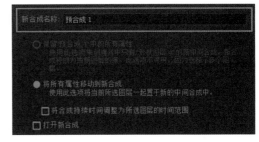

图2-86　　　　　　　　　　　　　　　　　图2-87

STEP 4 选择"毛笔字.psd"，执行【轨道遮罩】>【Alpha遮罩"预合成1"】命令，如图2-88所示，效果如图2-89所示。

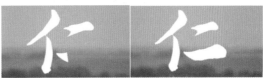

图2-88　　　　　　　　　　　　　　　　　图2-89

2.6.3 技术总结

通过本案例的讲解，相信读者已经掌握使用After Effects CC软件制作古风字体动画的方法了，巧妙运用钢笔路径绘制蒙版遮罩进行修剪路径动画制作，在实际项目案例中应用十分广泛。

2.7 "隐身"案例

素材文件： 素材文件/第2章/2.7隐身案例
案例文件： 案例文件/第2章/2.7隐身案例.aep
视频教学： 视频教学/第2章/2.7隐身案例.mp4
技术要点： 掌握案例中【拆分图层】、【Mask遮罩绘制】、【扭曲】特效命令的运用

2.7.1 案例思路

本案例通过导入一段实拍素材，拆分视频图层画面，合理调整图层的位置，设定CC Flo Motion特效。"隐身""瞬移"等时下流行的视频特效，在影视后期合成中出现的频率非常高，

学习这些命令对深入 After Effects CC特效合成研究会起到关键作用。

2.7.2 制作步骤

1. 拆分图层

STEP 1 新建项目和【HDV/HDTV 720 25】预设合成，设置【持续时间】为0:00:02:00，如图2-90所示。

STEP 2 双击【项目】面板的空白处，在弹出的【导入文件】对话框中查找路径，导入"视频01.mov""视频02.mov"作为素材，然后将其拖曳到时间线面板中，如图2-91所示。

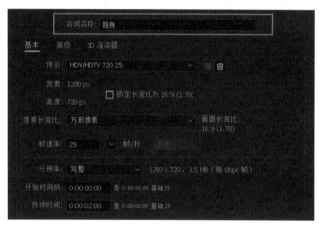

图2-90　　　　　　　　　　　　　　　　图2-91

STEP 3 选择"视频01.mov"，将【当前时间指示器】移动到0:00:01:02处，执行【编辑】>【拆分图层】命令，将"视频01"分成两个部分，如图2-92所示，效果如图2-93所示。

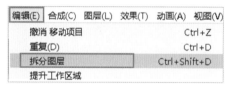

图2-92　　　　　　　　　　　　　图2-93

STEP 4 删除拆分的中间后半部分的"视频01.mov"，选择上方前半部分的"视频01"，按键盘上的快捷键Ctrl+D进行复制，如图2-94所示。

图2-94

STEP 5 将【当前时间指示器】拖曳到0:00:01:00处，单击工具栏上的▶(选择工具)，对新复制出来的"视频01"左侧进行剪切，将"视频01"右侧的尾部剪切到0:00:01:05处，做出Mask遮罩的区域，如图2-95所示。

图2-95

STEP 6 选择最上方的"视频01.mov",单击工具栏上的 (钢笔工具),在0:00:01:02处绘制 Mask遮罩,绘制完成后,继续选择最上方的"视频01.mov",按键盘上的P键设置【位置】动画,在0:00:01:02处,设置【位置】为"640.0,360.0",如图2-96所示。将【当前时间指示器】拖曳到0:00:01:04处,设置【位置】为"640.0,310.0",如图2-97所示。

图2-96

图2-97

2. 添加CC Flo Motion特效

STEP 1 选择最下方的"视频02.mov",执行【效果】>【扭曲】> CC Flo Motion命令,在0:00:01:02处设置CC Flo Motion特效,设置Knot1为"576.0,30.0",Amount1为0,如图2-98所示。将【当前时间指示器】拖曳到0:00:01:04处,设置Knot1为"576.0,30.0",Amount1为4.0,如图2-99所示。将【当前时间指示器】拖曳到0:00:01:06处,设置Knot1为"576.0,30.0",Amount1为0,如图2-100所示。

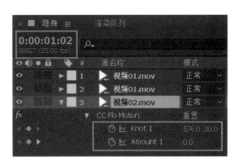

图2-98

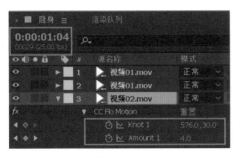

图2-99

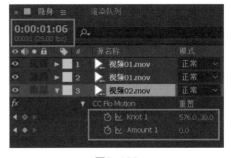

图2-100

STEP 2 查看最终效果,如图2-101所示。

图2-101

2.7.3 ▶ 技术总结

　　通过本节的讲解，读者能够对After Effects CC软件中的拆分图层、位置动画有详细的了解。CC Flo Motion(扭曲)特效的添加使该案例的效果更加真实。

第3章

文本动画应用

本章主要讲解文本动画的各类效果应用。通过对本章8个案例的讲解，读者可以了解文本的创建、颜色填充，以及色相动画、运动模糊等视频效果的使用方法。

3.1 子弹头特效

素材文件： 无

案例文件： 案例文件/第3章/3.1子弹头特效.aep

视频教学： 视频教学/第3章/3.1子弹头特效.mp4

技术要点： 熟悉After Effects CC中文本工具和【字符间距】、【范围选择器】特效命令的使用

3.1.1 案例思路

本案例以After Effects CC中文本工具与文本属性命令相结合的方式来展现子弹头效果。文本工具是影视后期合成中使用频率非常高的工具，字符间距和范围选择器里面有很多设置细节的选项，经常用于文字动画的制作。学习本案例使读者能够掌握字体动画参数设置和应用技巧。

3.1.2 制作步骤

1. 添加文本

STEP 1 新建项目和【HDV/HDTV 720 25】预设合成，设置【持续时间】为0:00:01:00，如图3-1所示。

STEP 2 单击工具栏上的 (文本工具)，在【合成1】窗口中输入文字Adobe After Effects，设置【字体样式】为Arial，【字体大小】为99像素，【仿粗体】显示，如图3-2所示。

图3-1

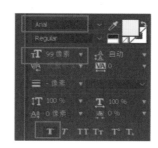

图3-2

2. 添加子弹头效果

STEP 1 选择Adobe After Effects图层，设置为【文本】>【动画】>【字符间距】，如图3-3所示。

STEP 2 单击【动画制作工具1】右侧的【添加】>【属性】>【不透明度】和【模糊】，如图3-4所示。

STEP 3 设置字符间距的参数，展开【动画制作工具1】>【范围选择器1】>【高级】选项，设置【不透明度】为100%，【模糊】为"0.0,0.0"，如图3-5所示。

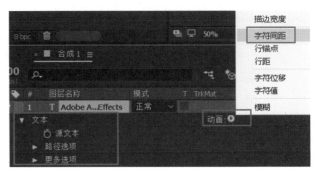

图3-3

图3-4

图3-5

STEP 4 设置【高级】>【形状】为"上斜坡"，【不透明度】为0%，【模糊】为"270.0,0.0"，如图3-6所示，效果如图3-7所示。

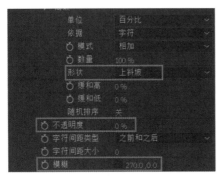

图3-6

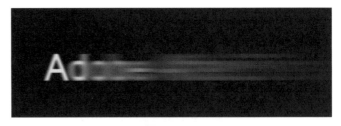

图3-7

3. 制作动画

STEP 1 将【当前时间指示器】拖曳到0:00:00:00处，单击【动画制作工具1】>【范围选择器1】>【偏移】左侧的 (时间变化秒表)图标，设置【偏移】为-100%，如图3-8所示。将【当前时间指示器】拖曳到0:00:00:15处，设置【偏移】为100%，如图3-9所示。

图3-8　　　　　　　　　　　　　　　　　图3-9

STEP 2 查看案例最终效果，如图3-10所示。

图3-10

3.1.3 技术总结

通过本节的讲解，相信读者已经掌握在After Effects CC软件中制作子弹头特效的核心知识点。文本和文本动画的设置、范围选择器中的相关参数设置，是完成本案例必备的技能。

3.2 随机闪烁

素材文件： 无
案例文件： 案例文件/第3章/3.2随机闪烁.aep
视频教学： 视频教学/第3章/3.2随机闪烁.mp4
技术要点： 熟悉After Effects CC中RGB、【色相】、【填充色相】文本特效命令的使用

3.2.1 案例思路

本案例主要介绍在After Effects CC软件中创建文本、填充颜色及设置随机色相动画的方法。文本动画属性可以制作很多动画效果，属于文本动画制作的高级部分，学会本节内容可使读者对文本随机色彩闪烁效果的制作有全新的认识。

3.2.2 制作步骤

1. 填充文本颜色

STEP 1 新建项目和【HDV/HDTV 720 25】预设合成，设置【持续时间】为0:00:04:00，如图3-11所示。
STEP 2 单击工具栏上的 **T**(文本工具)，在【合成1】窗口中输入"随机闪烁"，设置【字体样式】为"黑体"，【字体大小】为114像素，如图3-12所示。

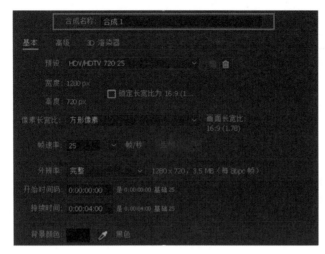

图3-11   图3-12

STEP 3 选择"随机闪烁"图层，执行【文本】>【动画】中的【填充颜色】>RGB命令，如图3-13所示。设置【动画制作工具1】>【范围选择器1】>【填充颜色】为"红色(R:255,G:0,B:0)"，如图3-14所示。

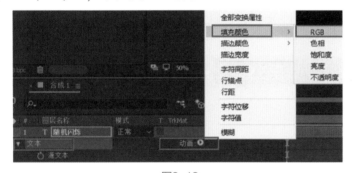

图3-13   图3-14

2. 制作闪烁动画

STEP 1 再次选择"随机闪烁"图层，在【文本】>【动画】中执行【填充颜色】>【色相】命令，如图3-15所示，效果如图3-16所示。

图3-15   图3-16

STEP 2 设置色相动画，在0:00:00:00处，单击【动画制作工具2】>【范围选择器1】>【填充颜色】左侧的◎(时间变化秒表)图标，设置【填充色相】为"0×+0.0°"，如图3-17所示。拖曳【当前时间指示器】到0:00:04:00处，设置【填充色相】为"3×+0.0°"，如图3-18所示。

图3-17

图3-18

STEP 3 查看案例最终效果，如图3-19所示。

图3-19

3.2.3 技术总结

通过本节的讲解，相信读者已经掌握在After Effects CC软件中制作随机闪烁效果的核心知识点。文本的创建、颜色填充和填充色相动画参数设置，是完成本案例必备的技能。

3.3 活跃干扰

素材文件： 素材文件/第3章/3.3活跃干扰

案例文件： 案例文件/第3章/3.3活跃干扰.aep

视频教学： 视频教学/第3章/3.3活跃干扰.mp4

技术要点： 熟悉After Effects CC中【字符间距】、【模糊】、【Wiggle表达式】特效命令的使用

3.3.1 案例思路

本案例是以图片素材与文本特效命令相结合的方式来展现活跃干扰的效果，包括文本创建、颜色填充、属性中模糊参数的设置、Wiggle表达式表现抖动效果等。

3.3.2 制作步骤

1. 添加文本及背景

STEP 1 新建项目和【HDV/HDTV 720 25】预设合成，设置【持续时间】为0:00:05:00，如图3-20所示。

STEP 2 单击工具栏上的 **T** (文本工具)，在【合成1】窗口中输入"活跃干扰"，设置【字体样式】为"黑体"，【字体大小】为100，【颜色】为"红色(R:131,G:32,B:21)"，如图3-21所示。

STEP 3 双击【项目】面板的空白处，在弹出的【导入文件】对话框中，导入"旧时光1.jpg"作为背景素材，拖曳到时间线面板中，按键盘上的快捷键Ctrl+Alt+F，进行图片素材与合成窗口大小适配，如图3-22所示，效果如图3-23所示。

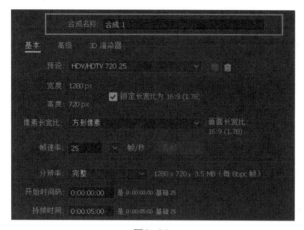

图3-20

图3-21

图3-23

图3-22

2. 制作活跃干扰动画

STEP 1 选择"活跃干扰"图层，在【文本】>【动画】中执行【填充颜色】>【字符间距】命令，如图3-24所示。

STEP 2 在【动画制作工具1】中执行【属性】>【模糊】命令，添加"模糊"效果，如图3-25所示。

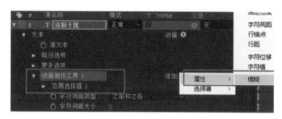

图3-24

图3-25

STEP 3 在【动画制作工具1】中执行【属性】>【模糊】命令，添加"模糊"效果，如图3-26所示。

STEP 4 添加【表达式】，按住键盘上的Alt键，同时单击【模糊】左侧的🕐(时间变化秒表)图标，在右侧输入wiggle(7,200)，制作抖动效果，如图3-27所示。

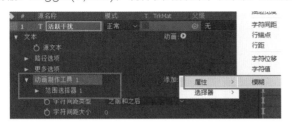

图3-26　　　　　　　　　　　　　　　　　图3-27

STEP 5 查看案例最终效果，如图3-28所示。

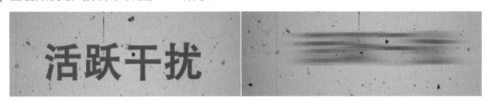

图3-28

3.3.3　技术总结

本节通过"活跃干扰"案例的讲解，相信读者对After Effects CC中字符间距、模糊、Wiggle表达式等命令的应用有了深入的了解，为今后制作模糊、表达式效果案例提供了参考。

┃ 3.4　波纹字　　　　　　　　　　　　　　🔍　　　➡

素材文件： 无
案例文件： 案例文件/第3章/3.4波纹字.aep
视频教学： 视频教学/第3章/3.4波纹字.mp4
技术要点： 熟悉After Effects CC中Form、【高斯模糊】、【反转】、【色阶】特效命令的使用

3.4.1　案例思路

本案例以文本工具与外置粒子插件特效命令相结合的方式来展现波纹字的效果，通过文本创建、颜色填充、Form粒子的参数设置使文字变成颗粒状，再执行【高斯模糊】和【反转】命令，实现柔和的视觉效果，最后利用【色阶】命令进行波纹校色，实现波纹字效果。

3.4.2　制作步骤

1. 制作文本及背景

STEP 1 新建项目和【HDV/HDTV 720 25】预设合成，设置【持续时间】为0:00:05:00，如图3-29所示。

STEP 2 执行【图层】>【新建】>【纯色】命令，在弹出的【纯色设置】对话框中，保持默认设置，如图3-30所示。

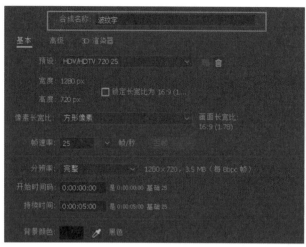

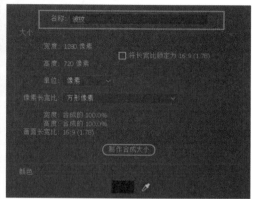

图3-29　　　　　　　　　　　　　　　　　　图3-30

STEP 3 新建合成，设置【合成名称】为"文字"，【宽度】为900px，【高度】为300px，【持续时间】为0:00:05:00，如图3-31所示。

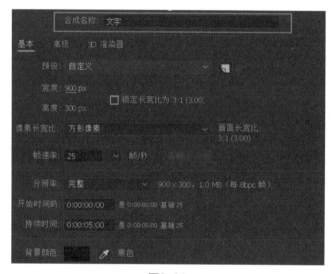

图3-31

STEP 4 单击工具栏上的 **T** (文本工具)，在【合成】窗口中输入文字"波纹字"，设置【字体样式】为"Adobe 黑体Std"，文字颜色为"白色(R:255,G:255,B:255)"，如图3-32所示，效果如图3-33所示。

图3-32

图3-33

STEP 5 回到"波纹"合成，选择波纹，执行【效果】> RG Trapcode > Form命令，添加Form外置插件，效果如图3-34所示。

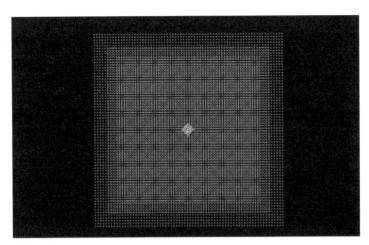

图3-34

STEP 6 在【效果控件】面板的Form选项中，设置Base Form(Master) > Size为XYZ Individual，如图3-35所示。展开Size选项，设置Size X为900，Size Y为300，Size Z为200，Particles in X为800，Particles in Y为300，Particles in Z为1，如图3-36所示。

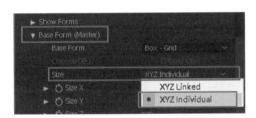

图3-35

图3-36

STEP 7 设置Particle> Size为1，Color为"蓝色(R:36,G:64,B:133)"，如图3-37所示。

STEP 8 设置Fractal Field(Master) > Displace为80，Flow X为10，Flow Y为-50，F Scale为22.0，如图3-38所示。

图3-37

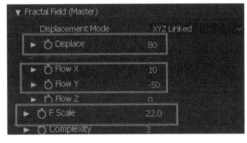

图3-38

STEP 9 查看效果，如图3-39所示。

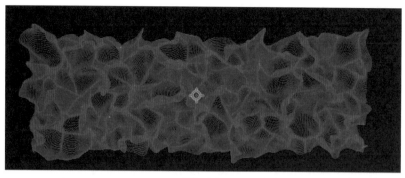

图3-39

2. 波纹字效果合成

STEP 1 将【项目】面板中的"文字"拖曳到"波纹"下方,选择"文字",执行【图层】>【预合成】命令,给文字层再叠加一个新的预合成,如图3-40所示。

STEP 2 选择"波纹",在【效果控件】面板中,展开Form > Layer Maps(Master)选项,设置Layer为"2.文字 合成1",Functionality为A to A,Map Over为XY,取消【文字 合成1】左侧的"显示",如图3-41所示。

图3-40

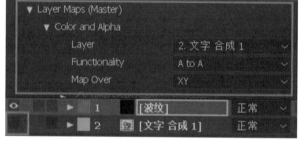

图3-41

STEP 3 双击"文字 合成1"合成,进入【文字】合成,在空白处右击,然后执行【效果】>【模糊和锐化】>【高斯模糊】命令,设置【高斯模糊】>【模糊度】为34.4,如图3-42所示。

STEP 4 再次将【项目】面板中的"文字"拖曳到"波纹"下方,选择"文字",执行【图层】>【预合成】命令,为文字层再添加一个新的预合成,如图3-43所示。

图3-42

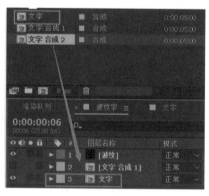

图3-43

STEP 5 双击"文字 合成1"合成，进入【文字】合成，在空白处右击，执行【新建】>【纯色层】命令，设置【颜色】为"黑色"，如图3-44所示。将"黑色 纯色1"拖曳到最下方，如图3-45所示。

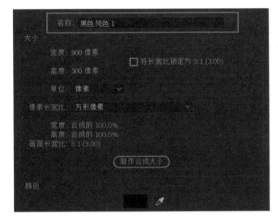

图3-44

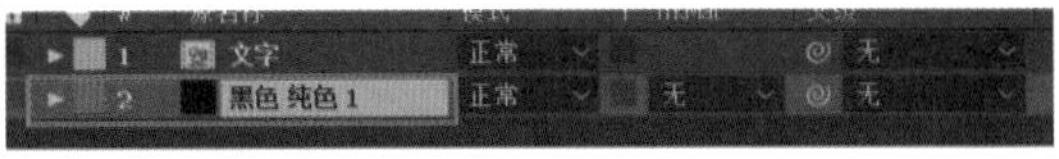

图3-45

STEP 6 右击执行【新建】>【调整图层】命令，然后执行【效果】>【通道】>【反转】命令，添加【反转】效果，如图3-46所示。

图3-46

STEP 7 选择"调整图层1"，按键盘上的快捷键Ctrl+D，删除【效果控件】>【反转】效果，执行【效果】>【高斯模糊】命令，设置【模糊度】为6.4，勾选"重复边缘像素"复选框，如图3-47所示。执行【效果】>【色彩校正】>【色阶】命令，设置【输入黑色】为46.0，【输入白色】为209.0，【灰度系数】为1.11，如图3-48所示。

图3-47

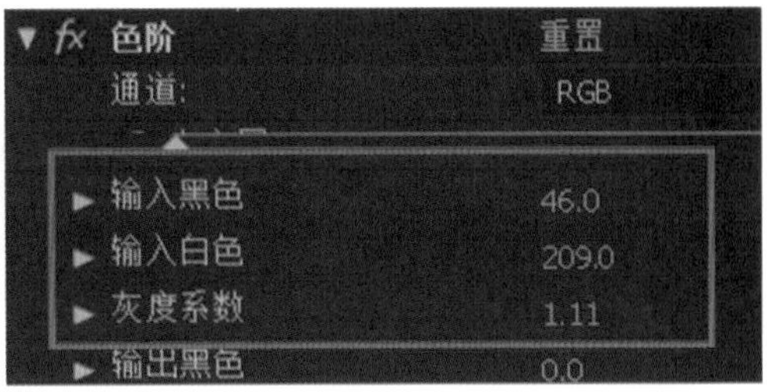

图3-48

STEP 8 查看案例最终效果，如图3-49所示。

图3-49

3.4.3 技术总结

本节通过对"波纹字"案例的讲解，相信读者已经掌握在After Effects CC软件中制作波纹字的核心知识点，掌握Form、【高斯模糊】、【反转】、【色阶】命令的参数设置和应用技巧。

| 3.5 泡泡字 🔍

素材文件： 无
案例文件： 案例文件/第3章/3.5泡泡字.aep
视频教学： 视频教学/第3章/3.5泡泡字.mp4
技术要点： 熟悉After Effects CC中CC Ball Action特效命令的使用

3.5.1 案例思路

本案例以文本工具与After Effects CC中影视特效命令相结合的方式来展现泡泡字的效果，文本创建、颜色填充和CC Ball Action参数设置是完成本案例的关键。

3.5.2 制作步骤

1. 新建文本

STEP 1 新建项目和【HDV/HDTV 720 25】预设合成，设置【持续时间】为0:00:03:00，如图3-50所示。

图3-50

STEP 2 单击工具栏上的 T (文本工具)，在【泡泡字】窗口中输入文字"泡泡字"，设置【字体样式】为"Adobe 黑体Std"，文字颜色为"白色(R:255,G:255,B:255)"，如图3-51所示。

图3-51

STEP 3 选择"泡泡字"图层，按键盘上的快捷键Ctrl+D，复制新图层，重命名为"泡泡字2"，选择"泡泡字"图层，展开【变换】>【不透明度】选项，在时间线0:00:00:10处，设置【不透明度】为100%，如图3-52所示。拖曳【当前时间指示器】到0:00:01:00处，设置【不透明度】为0%，如图3-53所示。

图3-52　　　　　　　　　　　　　　　　图3-53

STEP 4 选择"泡泡字2"图层，执行【效果】>【模拟】>CC Ball Action命令，如图3-54所示。

图3-54

2. 制作动画

STEP 1 选择"泡泡字2"图层，拖曳到时间线0:00:00:10处，设置Scatter为0，Ball Size为100.0，如图3-55所示。拖曳【当前时间指示器】到时间线0:00:02:24处，设置Scatter为166.0，Ball Size为200.0，如图3-56所示。

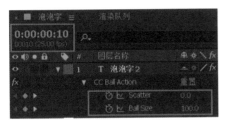 

图3-55　　　　　　　　　　　　　　　　图3-56

STEP 2 选择"泡泡字2"图层，展开【变换】>【不透明度】选项，设置【不透明度】为33%，如图3-57所示。

图3-57

STEP 3 执行【图层】>【新建】>【纯色】命令，设置【宽度】为1280像素，【高度】为720像素，【颜色】为"淡绿色(R:87,G:255,B:13)"，如图3-58所示。

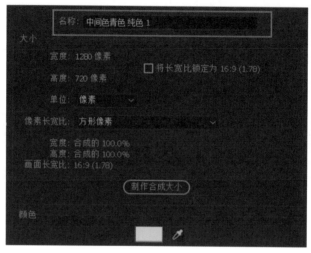

图3-58

STEP 4 查看案例最终效果，如图3-59所示。

图3-59

3.5.3 技术总结

本节通过对"泡泡字"案例的讲解，相信读者已经掌握在After Effects CC中制作泡泡字的核心知识点，其中详细讲述了CC Ball Action的参数设置和应用技巧。

3.6 火焰字 🔍

素材文件: 无

案例文件: 案例文件/第3章/3.6火焰字.aep

视频教学: 视频教学/第3章/3.6火焰字.mp4

技术要点: 熟悉After Effects CC中外置插件Saber的使用

3.6.1 案例思路

本案例简单介绍After Effects CC软件中Saber图层的创建及设置方法，使读者对After Effects CC中图层的创建及应用有全面的了解。

3.6.2　制作步骤

STEP 1 新建项目和【HDV/HDTV 720 25】预设合成，设置【持续时间】为0:00:05:00，如图3-60所示。

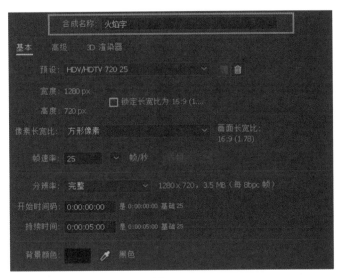

图3-60

STEP 2 单击工具栏上的 **T**(文本工具)，在【火焰字】窗口中输入文字"火焰字"，设置【字体样式】为"Adobe 黑体Std"，【字体大小】为187，文字颜色为"白色(R:255,G:255,B:255)，如图3-61所示。

STEP 3 执行【图层】>【新建】>【纯色】命令，设置【名称】为"火焰"，【颜色】为"黑色"，如图3-62所示。

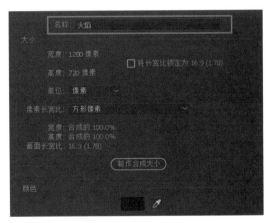

图3-61　　　　　　　　　　　　　　　　图3-62

STEP 4 选择"火焰"图层，执行【效果】> Video Copilt > Saber命令，设置Saber>【自定义核心】>【核心类型】为"文字图层"，【文字图层】为"2.火焰字"，如图3-63所示，效果如图3-64所示。

图3-63   图3-64

STEP 5 在Saber选项下，设置【预设】为Fire，【辉光强度】为18.0%，【辉光伸展】为0.09，【辉光偏差】为0.33，【核心大小】为10.30，如图3-65所示。

STEP 6 查看案例最终效果，如图3-66所示。

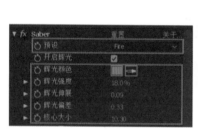

图3-65   图3-66

3.6.3 技术总结

本节通过对"火焰字"案例的讲解，相信读者已经掌握在After Effects CC软件中制作火焰字的核心知识点，其中详细讲述了Saber插件的参数设置和应用技巧。

3.7 金属字

素材文件： 无

案例文件： 案例文件/第3章/3.7金属字.aep

视频教学： 视频教学/第3章/3.7金属字.mp4

技术要点： 熟悉After Effects CC中【斜面Alpha】、【色光】特效命令的使用

3.7.1 案例思路

本案例详细讲述了After Effects CC软件中斜面Alpha、色光效果的创建及设置方法。【斜面Alpha】命令能够使普通文本生成仿三维的效果，添加【色光】命令可以对字体进行校色，学习本案例使读者对After Effects CC中金属字的创建及应用有全面的了解。

3.7.2 ▶ 制作步骤

STEP 1 新建项目和【HDV/HDTV 720 25】预设合成，设置【持续时间】为0:00:05:00，如图3-67所示。

STEP 2 单击工具栏上的 Ｔ（文本工具），在【金属字】窗口中输入文字"金属字"，设置【字体样式】为"Adobe 黑体Std"，【字体大小】为187，文字颜色为"白色(R:255,G:255,B:255)"，如图3-68所示。

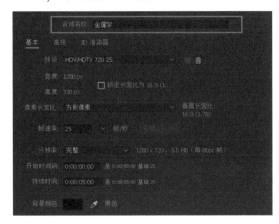

图3-67

图3-68

STEP 3 选择"金属字"图层，执行【效果】>【透视】>【斜面Alpha】命令，在【斜面Alpha】选项下，设置【边缘厚度】为6.70，【灯光角度】为"0×-60.0°"，【灯光颜色】为"白色(R:255,G:255,B:255)"，【灯光强度】为0.40，如图3-69所示。

图3-69

STEP 4 选择"金属字"图层，执行【效果】>【颜色校正】>【色光】命令，在【色光】选项下，设置【使用预设调板】为"金色1"，如图3-70所示，效果如图3-71所示。

图3-70

图3-71

3.7.3 技术总结

本节通过对"金属字"案例的讲解，相信读者已经掌握在After Effects CC软件中制作金属字的核心知识点，其中详细讲述了【斜面Alpha】、【色光】命令的参数设置和应用技巧。

3.8 爆炸字 🔍

素材文件： 素材文件/第3章/3.8爆炸字

案例文件： 案例文件/第3章/3.8爆炸字.aep

视频教学： 视频教学/第3章/3.8爆炸字.mp4

技术要点： 熟悉【梯度渐变】、CC Pixel Polly特效命令的使用

3.8.1 案例思路

本案例主要学习CC像素多边形特效的使用，从创建普通的文本开始，设置字体的类型、颜色、大小，利用梯度渐变命令生成文本渐变效果，设置CC像素多边形生成爆炸效果。

3.8.2 制作步骤

1. 设置文本

STEP 1 新建项目和【HDV/HDTV 720 25】预设合成，设置【持续时间】为0:00:05:00，如图3-72所示。

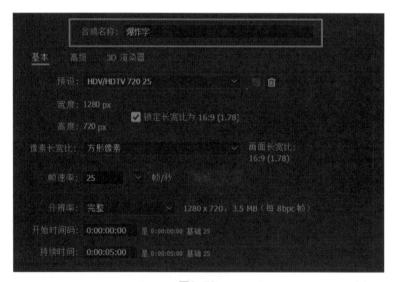

图3-72

STEP 2 单击工具栏上的 **T** (文本工具)，在【爆炸字】窗口中输入"爆炸来袭"，在【字符】面板中，设置【字体样式】为"Adobe黑体Std"，【字体大小】为100像素，【颜色】为"白色(R:255,G:255,B:255)"，如图3-73所示，效果如图3-74所示。

图3-73   图3-74

STEP 3 选择"爆炸来袭"图层，执行【效果】>【生成】>【梯度渐变】命令，设置【渐变起点】为"466.0,366.0"，【起始颜色】为"土黄色(R:40,G:32,B:0)"，【渐变终点】为"460.0,278.0"，【结束颜色】为"白色(R:255,G:255,B:255)"，如图3-75所示，效果如图3-76所示。

图3-75   图3-76

2. 爆炸效果

STEP 1 选择"爆炸来袭"图层，执行【效果】>【模拟】> CC Pixel Polly命令，设置Force为380.0，Force Center为"671.0,330.0"，Grid Spacing为2，如图3-77所示，效果如图3-78所示。

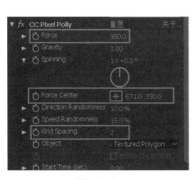

图3-77   图3-78

STEP 2 双击【项目】面板的空白处，在弹出的【导入文件】对话框中，导入"背景01.jpg"作为背景素材，拖曳到时间线面板"爆炸来袭"图层的下方，如图3-79所示。

图3-79

STEP 3 查看案例最终效果，如图3-80所示。

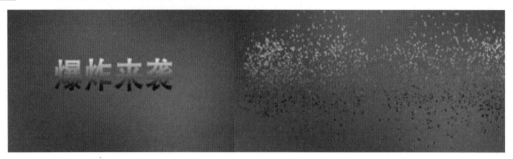

图3-80

3.8.3 技术总结

本节通过对"爆炸字"案例的讲解，相信读者已经掌握在After Effects CC软件中制作爆炸字的核心知识点，其中详细讲述了梯度渐变、CC Pixel Polly的参数设置和应用技巧。

第4章

七彩光线飞舞

本章主要讲解各种光线特效的制作方法。通过对本章7个案例的讲解，读者可以掌握三维光束、转场过渡、描边光线、自由流体光等效果的应用方法。

| 4.1 三维光束

素材文件： 无

案例文件： 案例文件/第4章/4.1三维光束.aep

视频教学： 视频教学/第4章/4.1三维光束.mp4

技术要点： 熟悉After Effects CC中【分形杂色】、【贝塞尔曲线变形】、【色相/饱和度】、【发光】特效命令的使用

4.1.1 案例思路

本案例主要介绍After Effects CC软件中三维光束效果的创建及设置方法。【分形杂色】命令形成光束的初始形态，搭配贝塞尔曲线变形使光束具有一定的形态，通过调整色相饱和度进行色彩设置，最后添加发光命令，使三维光束产生光动态。

4.1.2 制作步骤

1. 制作光束

STEP 1 新建项目和【HDV/HDTV 720 25】预设合成，设置【持续时间】为0:00:05:00，如图4-1所示。

STEP 2 执行【图层】>【新建】>【纯色】命令，设置纯色【名称】为"光束"，【宽度】为300像素，【高度】为900像素，【颜色】为"黑色"，其他参数默认，如图4-2所示。

STEP 3 执行【效果】>【杂色和颗粒】>【分形杂色】命令，设置【分形杂色】>【对比度】为531.0，

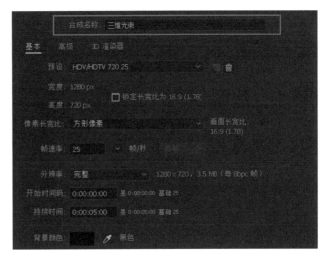

图4-1

【亮度】为-97.0，取消勾选【统一缩放】复选框，设置【缩放宽度】为70.0，【缩放高度】为3200.0，如图4-3所示。

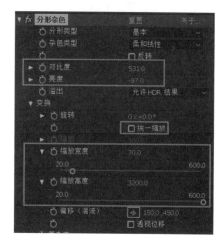

图4-2　　　　　　　　　　　　　　　　　　　　图4-3

STEP 4 执行【效果】>【扭曲】>【贝塞尔曲线变形】命令，设置【上左顶点】为-58.0,34.0，【上左切点】为"234.0,26.0"，【上右切点】为102.0,38.0，【右上顶点】为586.0,28.0，【右上切点】为222.0,304.0，【右下切点】为342.0,629.9，【下右顶点】为334.0,890.0，【下右切点】为200.0,900.0，【下左顶点】为100.0,900.0，【左下顶点】为-206.0,894.0，【左下切点】为92.0,619.9，【左上切点】为-14.0,354.0，【品质】为10，如图4-4所示。

STEP 5 执行【效果】>【颜色校正】>【色相/饱和度】命令，勾选【彩色化】复选框，设置【着色色相】为"0×+243.0°"，【着色饱和度】为38，如图4-5所示。

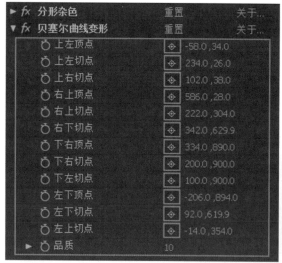

图4-4　　　　　　　　　　　　　　　　　　　　图4-5

STEP 6 执行【效果】>【风格化】>【发光】命令，设置【发光半径】为80.0，如图4-6所示。

STEP 7 再次执行【分形杂色】命令，设置【演化】动画，在时间线0:00:00:00处，设置【演化】

为"0×+0.0°"；拖曳【当前时间指示器】到0:00:04:00处，设置【演化】为"1×+0.0°"，如图4-7所示。

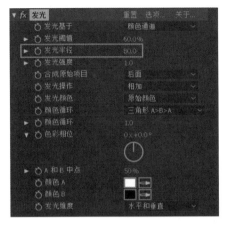

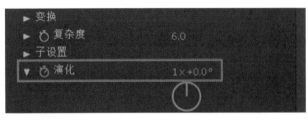

图4-6　　　　　　　　　　　　　　　　　图4-7

2. 光束合成

STEP 1　选择"光束"图层，按键盘上的快捷键Ctrl+D，复制新图层，重命名为"光束1"，如图4-8所示。选择"光束1"图层，设置【着色色相】为"1×+145.0°"，设置颜色为"绿色"，如图4-9所示。同时选择"光束"和"光束1"图层，更改【模式】为"屏幕"，如图4-10所示。

图4-8　　　　　　　　　　　　　　　　　图4-9

图4-10

STEP 2　执 行【 图 层 】>【 新建】>【摄像机】命令，创建一个摄影机，如图4-11所示。

STEP 3　选择"光束"和"光束1"图层，选择🔲(3D图层)图标，在时间线0:00:00:00处，设置【摄像机】的【位置】为"-4.0,-78.0,-1041.0"，如图4-12所示。拖曳【当前时间指示器】到0:00:02:00处，设

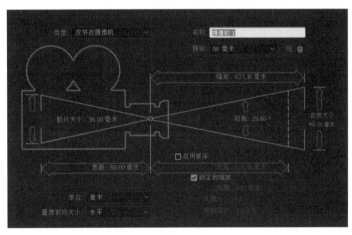

图4-11

置【位置】值为"565.0,240.0，-720.0"，如图4-13所示。

图4-12

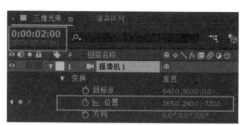

图4-13

STEP 4 查看案例最终效果，如图4-14所示。

图4-14

4.1.3 技术总结

通过本节的讲解，相信读者已经掌握使用After Effects CC软件制作影视特效中三维光束特效的核心知识点，掌握【分形杂色】、【贝塞尔曲线变形】等命令的参数设置和应用技巧。

4.2 片段转换

素材文件： 素材文件/第4章/4.2片段转换

案例文件： 案例文件/第4章/4.2片段转换.aep

视频教学： 视频教学/第4章/4.2片段转换.mp4

技术要点： 熟悉After Effects CC中【文件与窗口适配】、【色相/饱和度】、【线性擦除】、【时间反向图层】特效命令的使用

4.2.1 案例思路

本案例以视频素材与影视特效命令相结合的方式来展现片段转换的效果，不同文件与窗口适配是影视后期特效中必备的操作，【线性擦除】命令可以对多个视频片段进行起承转合，【时间反向图层】命令实现视频素材的倒放效果，学习本节内容使读者能够掌握影视制作常用转场过渡参数设置和应用技巧。

4.2.2 制作步骤

1. 设置片段

STEP 1 新建项目和【HDV/HDTV 720 25】预设合成，设置【持续时间】为0:00:04:00，如图4-15所示。

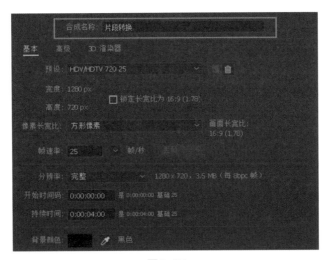

图4-15

STEP 2 双击【项目】面板的空白处，在弹出的【导入文件】对话框中，导入"片段转换 素材.mov"作为素材，拖曳到时间线面板中，按键盘上的快捷键Ctrl+Alt+F，进行视频与合成窗口大小适配，如图4-16所示。

图4-16

STEP 3 选择"片段转换 素材.mov"，按键盘上的快捷键Ctrl+D进行素材复制，如图4-17所示。

STEP 4 取消选中"1.片段转换 素材.mov"左侧的 ◎(显示)图标，选择"2.片段转换 素材.mov"，执行【效果】>【颜色校正】>【色相/饱和度】命令，勾选【彩色化】复选框，设置【着色色相】为0×+27.0°，设置如图4-18所示。

图4-17

图4-18

STEP 5 设置视频过渡效果，选择"1.片段转换 素材.mov"素材，执行【效果】>【过渡】>【线性擦除】命令，将【当前时间指示器】拖曳到0:00:00:15处，设置【过渡完成】为0%；将【当前时间指示器】拖曳到0:00:01:13处，设置【过渡完成】为100%，如图4-19所示，效果如图4-20所示。

图4-19

图4-20

2. 反向动画

STEP 1 选择"1.片段转换 素材"和"2.片段转换 素材"两个图层，如图4-21所示。按键盘上的快捷键Ctrl+D，复制新图层，将"3.片段转换 素材"拖动到"2.片段转换 素材"的上面，如图4-22所示。

图4-21

图4-22

STEP 2 选择"1.片段转换 素材"和"2.片段转换 素材"图层，拖曳到0:00:01:14处，如图4-23所示。

图4-23

STEP 3 再次选择"1.片段转换 素材"和"2.片段转换 素材",执行【图层】>【时间】>【时间反向图层】命令,如图4-24所示。

图4-24

STEP 4 查看案例最终效果,如图4-25所示。

图4-25

4.2.3　技术总结

　　通过本节的讲解,读者可以掌握制作该案例的核心知识点,掌握不同文件的大小适配和【线性擦除】命令的参数设置和应用技巧。这些内容实用性强,是电影、电视特效制作时必备的技能。

4.3　描边光线

素材文件: 素材文件/第4章/4.3描边光线
案例文件: 案例文件/第4章/4.3描边光线.aep
视频教学: 视频教学/第4章/4.3描边光线.mp4
技术要点: 熟悉After Effects CC中【自动追踪】、3D Stroke、【发光】特效命令的使用

4.3.1　案例思路

　　本案例以图片素材与影视特效命令相结合的方式来展现描边光线的效果,对文本图层进行自动追踪使其矢量化,运用3D Stroke命令形成一定的厚度,添加发光特效实现描边光线的效果,学习本节内容使读者能够掌握制作描边光线、描边图像等实用效果。

4.3.2 ▶ 制作步骤

1. 前期制作

STEP 1 ▶ 新建项目和【HDV/HDTV 720 25】预设合成，设置【持续时间】为0:00:05:00，如图4-26所示。

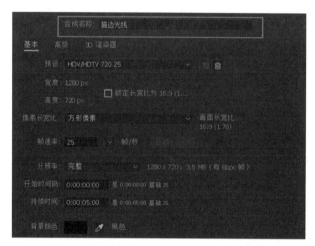

图4-26

STEP 2 ▶ 单击工具栏上的 T (文本工具)，在【描边光线】窗口中输入GOOD，设置【字体样式】为"黑体"，【字体大小】为187，设置颜色为"白色(R:255,G:255,B:255)"，如图4-27所示。

图4-27

STEP 3 ▶ 选择GOOD文字层，执行【图层】>【自动追踪】命令，使用默认参数，如图4-28所示。此时自动生成"自动追踪的GOOD"图层，如图4-29所示，效果如图4-30所示。

图4-28

图4-29　　　　　　　　　　　　　　　　图4-30

STEP 4 执行【图层】>【新建】>【纯色】命令，如图4-31所示。设置【宽度】为1280像素，
【高度】为720像素，【颜色】为"黑色"。

STEP 5 展开"自动追踪的GOOD"图层，选择"蒙版1"图层，按键盘上的快捷键Ctrl+X进行剪
切，选择"黑色 纯色2"图层，按键盘上的快捷键Ctrl+V进行粘贴，如图4-32所示。

图4-31　　　　　　　　　　　　　　　　图4-32

STEP 6 按照图层编号依次选择"蒙版2"至"蒙版7"图层，重复上一步的操作，操作完成后，删
除"自动追踪的GOOD"图层，如图4-33至图4-38所示。

图4-33

图4-34

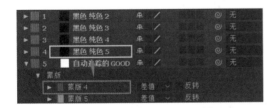

图4-35

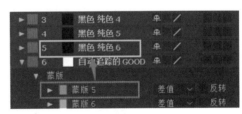

图4-36

图4-37

图4-38

STEP 7 ▶ 锁定"黑色 纯色3"至"黑色 纯色8"图层，并且取消选中 ⊙ (显示)图标，如图4-39所示。

STEP 8 ▶ 选择"黑色 纯色2"图层，执行【效果】>RG Trapcode>3D Stroke命令，设置Color为"R:192,G:23,B:101"，Thickness为3.0，勾选Taper下的Enable复选框，如图4-40所示。

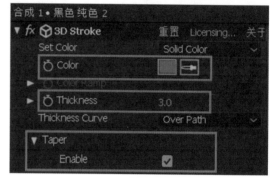

图4-39   图4-40

STEP 9 ▶ 在时间线0:00:00:00处，单击Offset左侧的 ⊙ (时间变化秒表)图标，设置Offset为-100.0，如图4-41所示。拖曳【当前时间指示器】到0:00:04:00处，设置Offset为300.0，如图4-42所示。

图4-41   图4-42

STEP 10 ▶ 选择"黑色 纯色2"图层，执行【效果】>【风格化】>【发光】命令，设置【发光阈值】为14.5%，【发光半径】为77.0，【发光强度】为2.7，如图4-43所示。

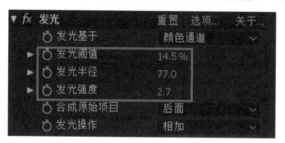

图4-43

STEP 11 ▶ 选择"黑色 纯色2"图层，在【效果控件 黑色 纯色2】面板中，选择3D Stroke和【发光】命令，按键盘上的快捷键Ctrl+C进行复制，如图4-44所示。依次取消选中"黑色 纯色3"至"黑色 纯色8"图层的 🔒 (锁定)和 ⊙ (显示)图标，对每个图层依次进行粘贴，如图4-45所示。

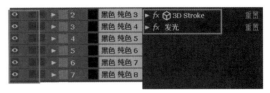

图4-44　　　　　　　　　　　　图4-45

2. 后期合成

STEP 1 选择最下方的GOOD文字层，选择 ◉(显示)图标，单击工具栏上的 ◯(椭圆工具)，绘制蒙版，设置【蒙版羽化】为97.0像素，在时间线0:00:02:00处，单击【蒙版扩展】左侧的 ◉(时间变化秒表)图标，设置【蒙版扩展】为−138.0像素，如图4-46所示。拖曳时间线到0:00:04:24处，设置【蒙版扩展】值为0像素，如图4-47所示。

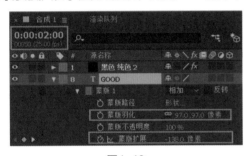
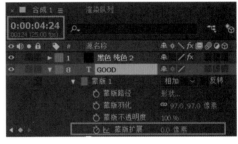

图4-46　　　　　　　　　　　　图4-47

STEP 2 双击【项目】面板的空白处，查找路径，导入"4.3描边光线.jpg"，将其拖曳到最底层作为背景，如图4-48所示。

STEP 3 查看案例最终效果，如图4-49所示。

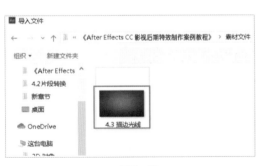

图4-48　　　　　　　　　　　　图4-49

4.3.3 技术总结

　　通过本节的讲解，相信读者已经掌握制作"描边光线"案例的核心知识点，以及【自动追踪】、3D Stroke、【发光】命令的参数设置和应用技巧。

| 4.4 立体网格

素材文件： 无

案例文件： 案例文件/第4章/4.4立体网格.aep

视频教学： 视频教学/第4章/4.4立体网格.mp4

技术要点： 熟悉After Effects CC中【网格】、【摄像机】、【视图布局】、【Mask遮罩】特效命令的使用

4.4.1 案例思路

本案例运用After Effects CC中纯色层与3D图层相结合的方式来展现三维立体网格的效果，通过将纯色层转换成3D图层，与摄像机层配合形成三维空间效果，运用特效控件中的网格效果，实现平面网格在三维空间中的应用技巧。

4.4.2 制作步骤

1. 制作网格

STEP 1 新建项目和【HDV/HDTV 720 25】预设合成，设置【持续时间】为0:00:05:00，如图4-50所示。

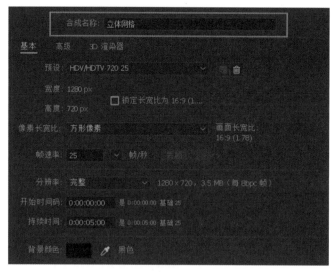

图4-50

STEP 2 执行【图层】>【新建】>【纯色】命令，设置【名称】为"网格1"，【宽度】为1280像素，【高度】值为720像素，【颜色】为"黑色"，如图4-51所示。

STEP 3 选择"网格1"图层，执行【效果】>【生成】>【网格】命令，创建图层网格，如图4-52所示。

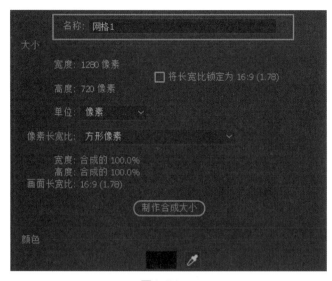

图4-51

图4-52

STEP 4 选择"网格1"图层，选择 ⬡ (3D图层)图标，按键盘上的S键进行缩放，设置【缩放】为40%，如图4-53所示。执行【图层】>【新建】>【摄像机】命令，进入【摄像机设置】对话框，直接单击"确定"按钮，如图4-54所示。

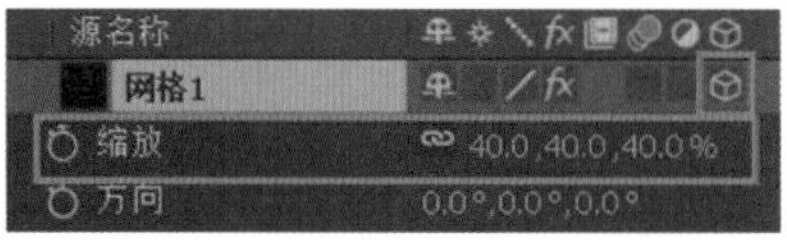

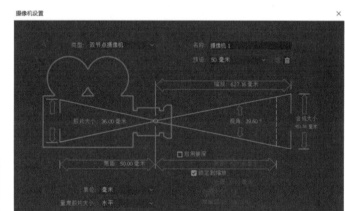

图4-53

图4-54

STEP 5 选择【合成 立体网格】窗口，设置【选择视图布局】为"2个视图-水平"，如图4-55所示，效果如图4-56所示。单击"网格1"图层，按键盘上的快捷键Ctrl+D进行两次复制图层，重命名为"网格2"和"网格3"，按键盘上的上、下、左、右键进行微调，如图4-57所示。

图4-55

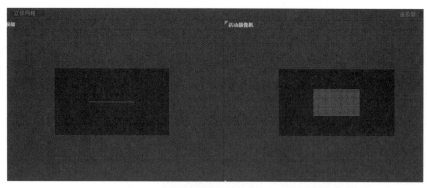

图4-56

图4-57

STEP 6 选择"网格3"图层,按键盘上的快捷键Ctrl+D,复制新图层,重命名为"网格4",调整成长方形,如图4-58所示。

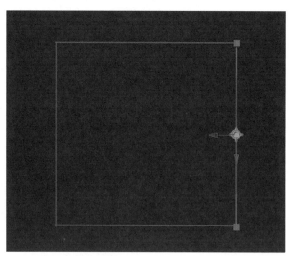

图4-58

STEP 7 选择"网格1"至"网格4",如图4-59所示。执行【图层】>【预合成】命令,设置【预合成】名称为"网格",如图4-60所示。设置【选择视图布局】为"1个视图",合成窗口变成一个窗口,如图4-61所示。

图4-59

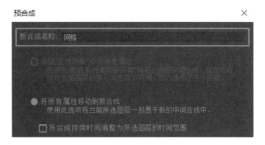

图4-60

图4-61

STEP 8 选择"网格"图层，选择 ✿ (对于合成图层：折叠变换)和 ▧ (3D图层)图标，如图4-62 所示。单击工具栏上的 ▦ (统一摄像机工具)，在【合成 立体网格】窗口中，将网格调整一定的角度，如图4-63所示。

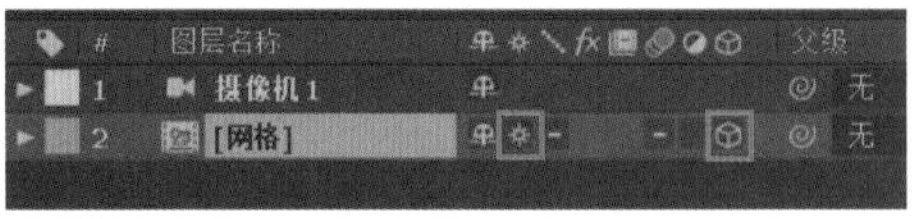

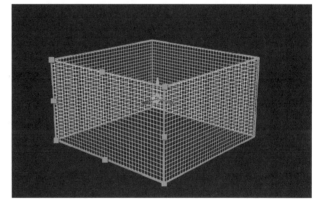

图4-62

图4-63

2. 效果合成

STEP 1 执行【图层】>【新建】>【纯色】命令，设置【宽度】为1280像素，【高度】为720像素，【颜色】为"R:203,G:0,B:105"，将其拖曳到图层的最下方作为背景，如图4-64所示。

STEP 2 单击工具栏上的 ⬤ (椭圆工具)，绘制遮罩，如图4-65所示。设置【蒙版羽化】为114.0像素，【蒙版扩展】为-7.0像素，如图4-66所示。单击【网格】>

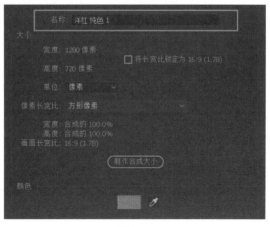

图4-64

【变换】>【Y轴旋转】左侧的 ⊙(时间变化秒表)图标,在0:00:00:00处,设置【Y轴旋转】为 "0×+0.0°",如图4-67所示。拖曳【当前时间指示器】到0:00:04:00处,设置【Y轴旋转】为 "2×+0.0°",如图4-68所示。

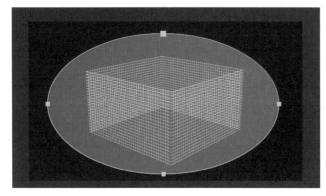

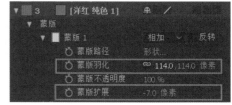

图4-65

图4-66

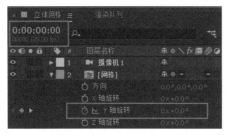

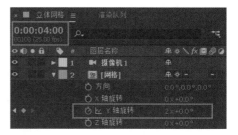

图4-67

图4-68

STEP 3 查看案例最终效果,如图4-69所示。

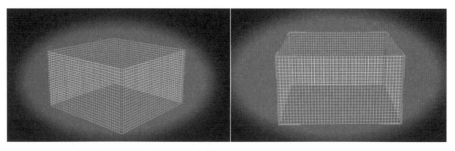

图4-69

4.4.3 技术总结

通过本案例的讲解,相信读者从技术层面已经掌握在After Effects CC软件中创建网格和摄像机、转换3D图层、选择视图布局、绘制Mask遮罩等参数设置和应用技巧,对三维空间与摄像机结合制作案例提供了新思路。

4.5 自由流体光

素材文件: 素材文件/第4章/4.5自由流体光

案例文件： 案例文件/第4章/4.5自由流体光.aep

视频教学： 视频教学/第4章/4.5自由流体光.mp4

技术要点： 熟悉After Effects CC中3D Stroke、Starglow特效命令的使用

4.5.1 ▶ 案例思路

　　本案例采用图片素材与光效命令相结合的方式进行制作，通过选取城市背景素材，使用钢笔工具绘制遮罩路径，添加3D Stroke命令，生成带有白色路径的线条，设置摄像机参数，形成多条灯光路径，借助外置插件参数设置完成该案例的动态效果。

4.5.2 ▶ 制作步骤

　　1. 创建流体光的外形

STEP 1 ▶ 新建项目和【HDV/HDTV 720 25】预设合成，设置【持续时间】为0:00:05:00，如图4-70所示。

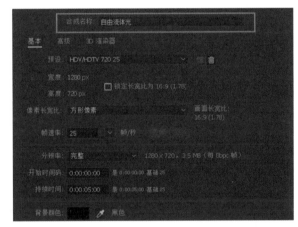

图4-70

STEP 2 ▶ 双击【项目】面板空白处，查找路径，导入"自由流体光背景.jpg"作为素材，将其拖曳到时间线面板中作为背景，并且按键盘上的快捷键Ctrl+Alt+F进行适配，如图4-71所示。

图4-71

STEP 3 执行【图层】>【新建】>【纯色】命令，设置【宽度】为1280像素，【高度】为720像素，其他参数默认，设置纯色层【名称】为"自由流体光"，如图4-72所示。

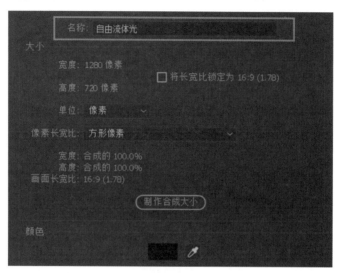

图4-72

STEP 4 选择"自由流体光"图层，取消选中左侧的 ◉ (显示)图标，单击工具栏上的 ✐ (钢笔工具)，沿图像上的道路绘制遮罩，绘制完成后，重新选择左侧的 ◉ (显示)图标，如图4-73所示。

图4-73

STEP 5 执行【效果】> RG Trapcode > 3D Stroke命令，设置Color为"R:243,G:84，B:7"，Thickness为2.0，Taper为Enable，Repeater为Enable，X Displace为2.0，Z Displace为20.0，如图4-74所示，效果如图4-75所示。

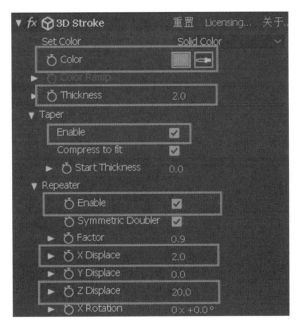

图4-74

图4-75

STEP 6 执行【图层】>【新建】>【摄像机】命令，在弹出的对话框中设置【预设】为15毫米，单击工具栏上的 ，调整光线的显示方式，如图4-76所示，效果如图4-77所示。

图4-76

图4-77

2. 添加Starglow特效

STEP 1 选择"自由流体光"图层,执行【效果】> RG Trapcode > Starglow命令,设置Preset为Red,如图4-78所示。设置Pre-Process > Threshold为0,如图4-79所示。设置Boost Light为2.0,如图4-80所示,效果如图4-81所示。

图4-78

图4-79

图4-80

图4-81

STEP 2 展开3D Stroke选项，在时间线0:00:00:00处，设置Offset为0，勾选Loop复选框，如图4-82所示。拖曳时间线到0:00:03:00处，设置Offset为720.0，如图4-83所示，效果如图4-84所示。

图4-82

图4-83

图4-84

4.5.3 技术总结

通过本节的讲解，相信读者已经掌握在After Effects CC软件中运用3D Stroke、Starglow等效果的参数设置和应用技巧，掌握这些技术能够完美解决影视后期特效中制作普通单反镜头难以实现的光轨效果。

4.6 路径粒子光

素材文件： 无

案例文件： 案例文件/第4章/4.6路径粒子光.aep

视频教学： 视频教学/第4章/4.6路径粒子光.mp4

技术要点： 熟悉After Effects CC中【勾画】、【湍流置换】特效命令的使用

4.6.1 案例思路

本案例主要讲解路径粒子光效果的制作。通过创建纯色图层，运用钢笔工具绘制Mask遮罩，添加勾画效果形成动态路径，添加扭曲中的湍流置换效果进行润色，形成真实的凹凸不平的动态效果，从而实现本案例的制作。

4.6.2 ▶ 制作步骤

1. 制作粒子光

STEP 1 ▶ 新建项目和【HDV/HDTV 720 25】预设合成，设置【持续时间】为0:00:05:00，如图4-85所示。

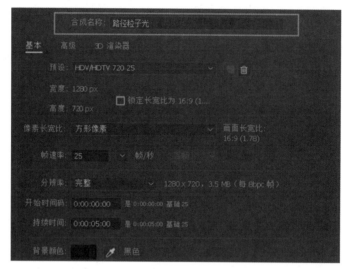

图4-85

STEP 2 ▶ 执行【图层】>【新建】>【纯色】命令，设置【名称】为"黑色 纯色1"，如图4-86所示。单击工具栏上的 (钢笔工具)，在【合成】窗口中绘制光效路径，如图4-87所示。

图4-86

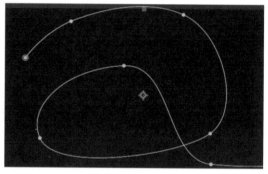

图4-87

STEP 3 ▶ 执行【效果】>【生成】>【勾画】命令，设置【描边】为"蒙版/路径"，【片段】为1，【宽度】为4.80，【中点不透明度】为-0.260，【中点位置】为0.433，【旋转】为"0×-348.0°"，如图4-88所示。

STEP 4 ▶ 选择"黑色 纯色1"图层，设置【旋转】动画，在时间线0:00:00:00处，设置【旋转】为"0×-7.0°"，如图4-89所示。拖曳时间线到0:00:04:00处，设置【旋转】为"0×-348.0°"，如图4-90所示。

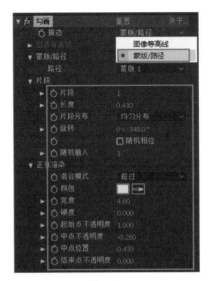

图4-88

图4-89

图4-90

STEP 5 选择"黑色 纯色1"图层，按键盘上的快捷键Ctrl+D，复制新图层，重命名为"黑色 纯色2"，选择"黑色 纯色2"图层，更改【模式】为"相加"，如图4-91所示。选择"黑色 纯色2"图层，设置【勾画】效果中【长度】为0.090，【颜色】为"R:0,G:44,B:255"，【宽度】为38.50，如图4-92所示。

图4-91

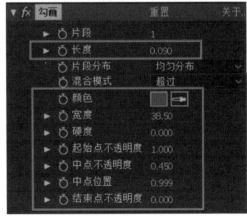

图4-92

2. 粒子光合成

STEP 1 新建【HDV/HDTV 720 25】预设合成，设置【合成名称】为"路径粒子光总合成"，【持续时间】为0:00:05:00，如图4-93所示。将"路径粒子光"从【项目】面板中拖曳到"路径粒子光总合成"中，如图4-94所示。

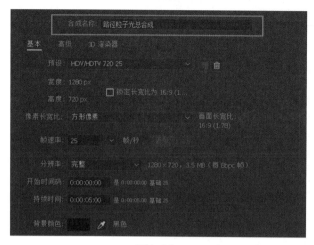

图4-93

图4-94

STEP 2 执行【效果】>【扭曲】>【湍流置换】命令，设置【数量】为98.0，【大小】为22.0，如图4-95所示。

图4-95

STEP 3 查看案例最终效果，如图4-96所示。

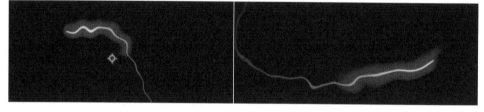

图4-96

4.6.3 技术总结

通过本案例的制作，相信读者已经从技术层面上掌握了After Effects CC软件中运用钢笔工具创建Mask路径、设置勾画效果、添加湍流置换等参数的应用技巧，学习本案例对今后制作真实的路径光效提供了项目参考。

| 4.7 魔法球

素材文件： 素材文件/第4章/4.7魔法球
案例文件： 案例文件/第4章/4.7魔法球.aep

视频教学：视频教学/第4章/4.7魔法球.mp4

技术要点：熟悉After Effects CC中CC Particle World、【色调】、CC Vector Blur、【发光】、【闪光】特效命令的使用

4.7.1 ▶ **案例思路**

本案例以图片素材与影视特效命令相结合的方式来展现魔法球的效果，利用纯色层的特点，添加CC Particle World特效，生成发射的粒子，运用矢量模糊和色调命令调整粒子的视觉效果，设置发光、闪光特效命令，达到魔法球的动态效果，从而完成本案例的制作。

4.7.2 ▶ **制作步骤**

1. 魔法球效果

STEP 1 ▶ 新建项目和【HDV/HDTV 720 25】预设合成，设置【持续时间】为0:00:05:00，如图4-97所示。

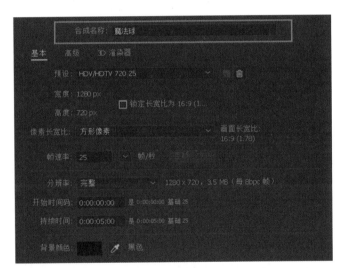

图4-97

STEP 2 ▶ 执行【图层】>【新建】>【纯色】命令，如图4-98所示。设置【宽度】为1280像素，【高度】为720像素，【名称】为"魔法燃烧"，【颜色】为"黑色"。

图4-98

STEP 3 ▶ 选择"魔法燃烧"图层，执行【效果】>【模拟】> CC Particle World命令，设置Birth Rate为1.0，Longevity为1.00，在Physics选项中，设置Velocity为0.30，Gravity为0，如图4-99所示。

图4-99

STEP 4 设置Particle > Particle Type为Lens Convex，单击【魔法球】合成窗口下方的■(切换透明网格)按钮，显示粒子效果，如图4-100所示，效果如图4-101所示。

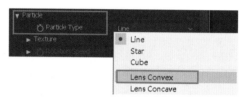

图4-100

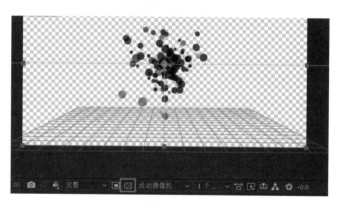

图4-101

STEP 5 选择"魔法燃烧"图层，执行【效果】>【颜色校正】>【色调】命令，设置【色调】>【将黑色映射到】为(R:189,G:0,B:183)，如图4-102所示。

图4-102

STEP 6 选择"魔法燃烧"图层，执行【效果】>【模糊&锐化】> CC Vector Blur命令，设置Amount为30.0，如图4-103所示。执行【效果】>【风格化】>【发光】命令，设置【发光阈值】为17.6%，【发光半径】为131.0，【发光强度】为0.5，【颜色A】为

"R:203,G:0,B:59"，如图4-104所示。

图4-103

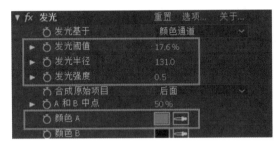

图4-104

STEP 7 选择"魔法燃烧"图层，执行【效果】>【过时】>【闪光】命令，设置【起始点】为"566.0,247.0"，【结束点】为"747.0,503.0"，【区段】为10，【振幅】为18.800，【细节级别】为4，【速度】为2，【外部颜色】为"R:251,G:54,B:223"，【外部颜色】为"R:188,G:0,B:193"，如图4-105所示。

图4-105

STEP 8 执行【图层】>【新建】>【纯色】命令，设置【宽度】为1280像素，【高度】为720像素，【名称】为"魔法球"，【颜色】为"紫罗兰色(R:188,G:0,B:182)"，如图4-106所示。单击工具栏上的 ⬤(椭圆工具)，在【合成 魔法球】窗口中绘制椭圆形蒙版，如图4-107所示。

图4-106　　　　　　　　　　　　　　图4-107

STEP 9 ▶ 选择"蒙版1"，按键盘上的快捷键Ctrl+D复制出"蒙版2"，如图4-108所示。在【合成魔法球】窗口中，双击"蒙版2"，把外形变小一些，如图4-109所示。设置"蒙版2"的计算方式为"相减"，【蒙版羽化】为199.0像素，【蒙版扩展】为-37.0像素，如图4-110所示，效果如图4-111所示。

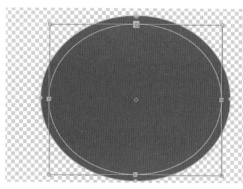

图4-108　　　　　　　　　　　　　　图4-109

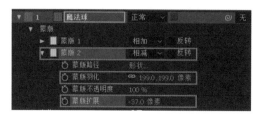

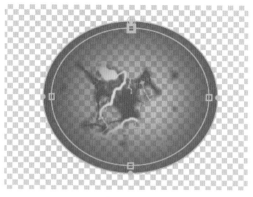

图4-110　　　　　　　　　　　　　　图4-111

2. 魔法球合成

STEP 1 ▶ 选择"魔法球"和"魔法燃烧"两个图层，如图4-112所示。执行【图层】>【预合成】命令，设置【新合成名称】为"魔法球合成"，如图4-113所示。双击【项目】面板的空白处，导入"超人"和"魔法背景"作为素材，拖曳到时间线面板最下方，如图4-114所示，效果如图4-115所示。

图4-112　　　　　　　　　　　　　　　　图4-113

图4-114　　　　　　　　　　　　　　　　图4-115

STEP 2　选择"魔法球合成"图层，按键盘上的S键，设置【缩放】为55.0%，如图4-116所示，效果如图4-117所示。

图4-116

图4-117

4.7.3 技术总结

通过本案例的讲解，相信读者已经掌握After Effects CC软件中对于粒子、色调、矢量模糊、发光、闪光等效果参数的设置技巧。学习本案例，可以使读者更好地适应日常工作中一些复杂的项目案例。

第 5 章

音频特效

本章主要讲解音频特效的案例制作。通过对本章6个案例的讲解，读者可以掌握背景闪烁、音频波形、音频振幅等编辑声音的方法。

5.1 背景闪烁

素材文件： 素材文件/第5章/5.1背景闪烁
案例文件： 案例文件/第5章/5.1背景闪烁.aep
视频教学： 视频教学/第5章/5.1背景闪烁.mp4
技术要点： 熟悉After Effects CC中【音频波形】、【将音频转换为关键帧】、【色相/饱和度】、【表达式】特效命令的综合运用

5.1.1 案例思路

本案例主要介绍音频波形和音频关键帧效果，主要思路是通过椭圆工具绘制图形赋予音频波形形态，将音频波形转换为关键帧，生成音频振幅层，设置表达式使音频波形能根据音频的不同节奏展示不同的视觉效果。

5.1.2 制作步骤

STEP 1 新建项目和【HDV/HDTV 720 25】预设合成，设置【持续时间】为0:00:20:00，如图5-1所示。

图5-1

STEP 2 双击【项目】面板的空白处，在弹出的【导入文件】对话框中，导入"5.1 music"作为素材文件，拖曳音频文件到时间线面板上，如图5-2所示。

图5-2

STEP 3 执行【图层】>【新建】>【纯色】命令，设置【名称】为"遮罩"，【颜色】为"R:188,G:0,B:182"，单击工具栏上的 ●(椭圆工具)，在【合成 背景闪烁】窗口中绘制椭圆遮罩，如图5-3所示。

图5-3

STEP 4 选择"遮罩"图层，执行【效果】>【生成】>【音频波形】命令，设置【音频波形】>【音频层】为"2.5.1music.mp3"，【路径】为"蒙版1"，如图5-4所示，效果如图5-5所示。

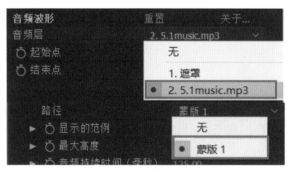

图5-4

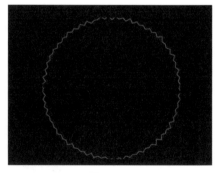

图5-5

STEP 5 选择"5.1 music.mp3"图层，执行【动画】>【关键帧辅助】>【将音频转换为关键帧】命令，自动生成新图层，如图5-6所示。

图5-6

STEP 6 执行【图层】>【新建】>【调整图层1】命令，如图5-7所示。选择"调整图层1"，执行【效果】>【色彩校正】>【色相/饱和度】命令，勾选【彩色化】复选框，设置【着色饱和度】为100，按住键盘上的Alt键，单击【着色色相】左侧的  (时间变化秒表)图标，输入表达式为"thisComp.layer("音频振幅").effect("两个通道")("滑块")*50"，如图5-8所示，效果如图5-9所示。

图5-7

图5-8

图5-9

STEP 7 执行【效果】>【风格化】>【发光】命令，设置【发光阈值】为26.0%，【发光半径】为51.0，如图5-10所示。返回到【项目】面板，将"背景闪烁"图层拖曳到  (新建合成)图标上，如图5-11所示。

图5-10

图5-11

STEP 8 选择"背景闪烁"图层，执行【效果】>【时间】>【残影】命令，设置如图5-12所示。执行【图层】>【新建】>【调整图层】命令，如图5-13所示。执行【效果】> RG Trapcode > Starglow命令，如图5-14所示。

图5-12

图5-13

图5-14

STEP 9 最终案例效果如图5-15所示。

5.1.3 技术总结

通过本案例的讲解，相信读者对使用After Effects CC软件制作背景闪烁效果有了深刻的认识，将表达式与音频波形命令相结合，使声音与画面波形更加匹配，达到案例制作的要求。

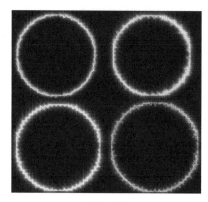

图5-15

5.2 飞舞线条

素材文件： 素材文件/第5章/5.2飞舞线条

案例文件： 案例文件/第5章/5.2飞舞线条.aep

视频教学： 视频教学/第5章/5.2飞舞线条.mp4

技术要点： 熟悉After Effects CC中【将音频转换为关键帧】、Particular、【表达式】特效命令的综合运用

5.2.1 案例思路

本案例主要讲解如何制作七彩飞舞线条的效果。通过将音频文件转换为关键帧命令，配合外置粒子插件、添加表达式使粒子生成色彩斑斓的音频波形。学习该案例能够使读者掌握音频转换关键帧、外置插件、表达式等应用技巧。

5.2.2 制作步骤

1. 创建飞舞线条

STEP 1 新建项目和【HDV/HDTV 720 25】预设合成，设置【持续时间】为0:00:15:00，如图5-16所示。

STEP 2 双击【项目】面板的空白处，在弹出的【导入文件】对话框中，查找路径，导入"5.2 music.mp3"作为素材，拖曳到时间线面板上，如图5-17所示。

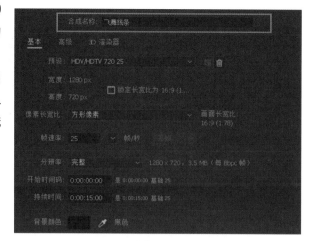

图5-16

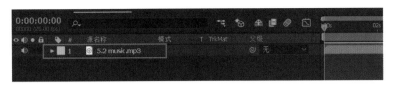

图5-17

STEP 3 选择"5.2 music.mp3"图层，执行【动画】>【关键帧辅助】>【将音频转换为关键帧】命令，如图5-18所示。自动生成"音频振幅"图层，关闭左侧的 ◎(显示)图标，如图5-19所示。

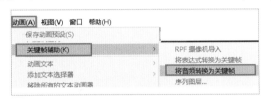

图5-18

图5-19

STEP 4 执行【图层】>【新建】>【纯色】命令，如图5-20所示，参数默认。执行【效果】> RG Trapcode > Particular命令，建立粒子层，设置如图5-21所示。

图5-20

图5-21

STEP 5 在Emitter(Master)选项中，设置Direction为Directional，Velocity为0，Velocity Random[%]为0，Velocity Distribution为0，Velocity from Motion[%]为0，如图5-22所示。

STEP 6 设置Particle(Master)> Life[sec]为5.0，Set Color为Over Life，如图5-23所示。

STEP 7 在Physics(Master)选项下，设置Wind X为-5.0，Wind Y为-60.0，Wind Z为-10.0，Turbulence Field > Affect Size为2.0，如图5-24所示。

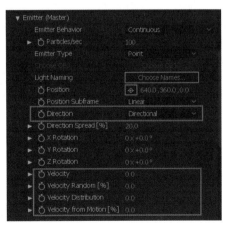

图5-22

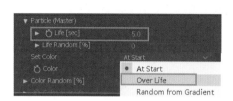

图5-23

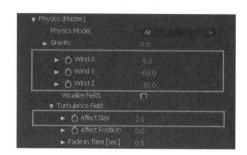

图5-24

2. 制作飞舞线条动画

STEP 1 设置Emitter(Master) > Position动画，在时间线0:00:00:00处，设置Position为
"100.0,440.0,0.0"；拖曳【当前时间指示器】到0:00:04:00处，设置Position为"974.0,606.0,0.0"；拖曳【当前时间指示器】到0:00:10:00处，设置Position为"588.0,180.0,0.0"，如图5-25所示。

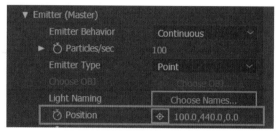

STEP 2 在Aux System(Master)选项中，设置Emit为"Continuously"，Particles/sec为4，

图5-25

Life[sec]为8.0，Type为Sphere，如图5-26所示。设置Size over Life为"第四种"，如图5-27所示。设置Opacity over Life为"第四种"，如图5-28所示。设置Set Color为Over Life，效果如图5-29所示。

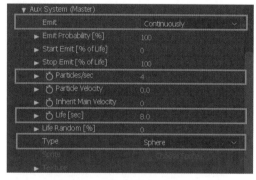

图5-26

图5-27

图5-28

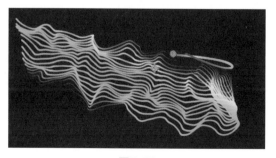

图5-29

STEP 3 在Physics(Master)选项中，按住Alt键单击Wind Y左侧的 ⑥ (时间变化秒表)图标，输入表达式"thisComp.layer("音频振幅").effect("两个通道")("滑块") *-2"，设置Aux System(Master) > Physics(Air mode only) > Turbulence Position，如图5-30所示。按住Alt键单击Turbulence Position(湍流位置)左侧的 ⑥ (时间变化秒表)图标，输入表达式"thisComp. layer("音频振幅").effect("两个通道")("滑块") *130"，如图5-31所示。

图5-30

图5-31

STEP 4 最终效果如图5-32所示。

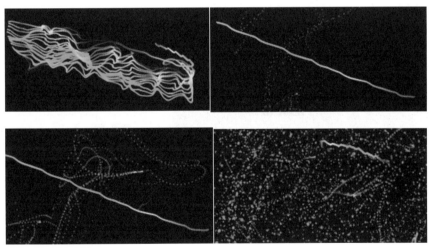

图5-32

5.2.3 技术总结

通过本节的讲解，相信读者对在After Effects CC软件中制作飞舞线条特效有了一定的了解，表达式与外置粒子效果相配合，使声音与画面波形更加逼真。

| 5.3　动感节奏

素材文件： 素材文件/第5章/5.3动感节奏
案例文件： 案例文件/第5章/5.3动感节奏.aep
视频教学： 视频教学/第5章/5.3动感节奏.mp4

技术要点：熟悉After Effects CC中【将音频转换为关键帧】、【分形杂色】、【马赛克】、【网格】、【色相/饱和度】特效命令的使用

5.3.1 案例思路

本案例通过音频素材与分形杂色、网格命令的结合使纯色背景生成马赛克的效果，辅以网格命令使马赛克效果更加突出。最后设置色相/饱和度效果使画面呈现不同的色彩感觉。

5.3.2 制作步骤

1. 杂色效果

STEP 1 新建项目和【HDV/HDTV 720 25】预设合成，设置【持续时间】为0:00:15:00，如图5-33所示。

STEP 2 双击【项目】面板的空白处，在弹出的【导入文件】对话框中，导入"5.3 music.mp3"作为素材，拖曳到时间线面板中，如图5-34所示。

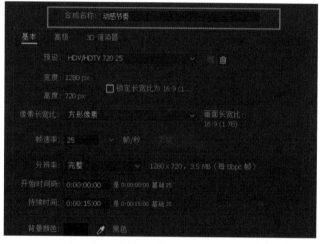

图5-33

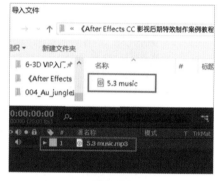

图5-34

STEP 3 选择"5.2 music.mp3"图层，执行【动画】>【关键帧辅助】>【将音频转换为关键帧】命令，自动生成新图层，如图5-35所示。

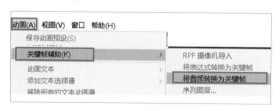

图5-35

STEP 4 执行【图层】>【新建】>【纯色】命令，如图5-36所示。设置【宽度】为1280像素，【高度】为720像素，【颜色】为"黑色"，执行【效果】>【杂色和颗粒】>【分形杂色】命令，如图5-37所示。

图5-36　　　　　　　　　　　　　　　　　　图5-37

STEP 5 设置【分形杂色】>【演化】动画，在时间线0:00:00:00处，设置【演化】为
"0×+0.0°"，拖曳【当前时间指示器】到0:00:14:00处，设置【演化】为"10×+0.0°"，
效果如图5-38所示。

STEP 6 执行【效果】>【风格化】>【马赛克】命令，设置【马赛克】下的【水平块】为20，
【垂直块】为20，如图5-39所示。

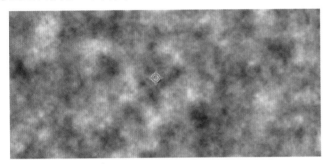

图5-38　　　　　　　　　　　　　　　　图5-39

2. 网格效果

STEP 1 执行【效果】>【生成】>【网格】命令，设置【边界】为10.0，勾选【反转网格】复选
框，设置【混合模式】为"模板Alpha"，如图5-40所示，效果如图5-41所示。

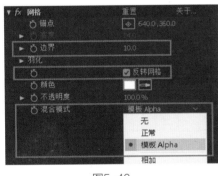

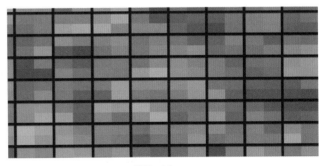

图5-40　　　　　　　　　　　　　　图5-41

STEP 2 执行【效果】>【颜色校正】>【色相/饱和度】命令，设置【着色色相】为
"0×+180.0°"，【着色饱和度】为60，【着色亮度】为-10，如图5-42所示，效果如图
5-43所示。

STEP 3 设置【着色色相】表达式，按住Alt键单击【着色色相】左侧的（时间变化秒表）图标，输
入表达式"thisComp.layer("音频振幅").effect("两个通道")("滑块") *10"，如图5-44所示，效
果如图5-45所示。

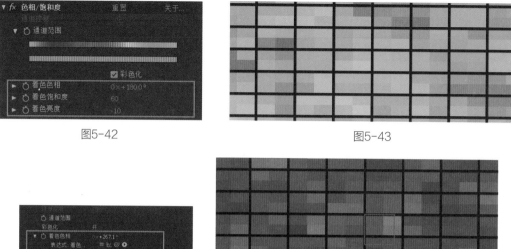

图5-42

图5-43

图5-44

图5-45

STEP 4 选择"黑色 纯色1"图层，按键盘上的快捷键Ctrl+D进行复制，并重命名为"黑色 纯色2"，设置"黑色 纯色2"图层的混合模式为"叠加"，如图5-46所示。设置【分形杂色】>【对比度】为220.0，【亮度】为-10.0，如图5-47所示。

图5-46

图5-47

STEP 5 最终效果如图5-48所示。

图5-48

5.3.3 ▶ 技术总结

通过本案例的讲解，读者应该已经掌握通过音频关键帧与分形杂色制作动感节奏效果的方法了。本案例的一个技巧点就是色相/饱和度效果与声音节奏点的同步性设置，在此基础上分配4种颜色的画面色彩，使案例更具视觉冲击力。

5.4 频谱效果

素材文件： 素材文件/第5章/5.4频谱效果

案例文件： 案例文件/第5章/5.4频谱效果.aep

视频教学： 视频教学/第5章/5.4频谱效果.mp4

技术要点： 熟悉After Effects CC中【音频频谱】、【径向模糊】、【四色渐变】特效命令的使用

5.4.1 案例思路

本案例以音频素材与影视特效命令相结合的方式来展现频谱效果，通过导入音频素材生成音频频谱层，根据音频设置音频频谱层效果，径向模糊命令使音频画面效果变得柔和，四色渐变命令使频谱效果呈现渐变效果。

5.4.2 制作步骤

STEP 1 新建项目和【HDV/HDTV 720 25】预设合成，设置【持续时间】为0:00:08:00，如图5-49所示。

STEP 2 双击【项目】面板的空白处，在弹出的【导入文件】对话框中，导入"5.4 music.mp3"作为素材，拖曳到时间线面板中，如图5-50所示。

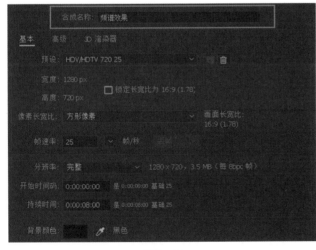

图5-49

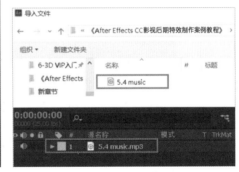

图5-50

STEP 3 执行【图层】>【新建】>【纯色】命令，设置【名称】为"音频线"，其他参数默认，如图5-51所示。执行【效果】>【生成】>【音频频谱】命令，设置【音频层】为"5.4 music.mp3"，【频段】为30，【最大高度】为5500.0，【音频持续时间(毫秒)】为70.00，【厚度】为10.00，如图5-52所示。

图5-51 图5-52

STEP 4 执行【效果】>【模糊和锐化】>【径向模糊】命令，设置【数量】为20.0，【消除锯齿(最佳品质)】为"高"，如图5-53所示。

STEP 5 执行【效果】>【生成】>【四色渐变】命令，参数默认，如图5-54所示。

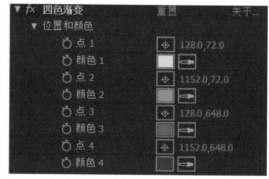

图5-53 图5-54

STEP 6 最终效果如图5-55所示。

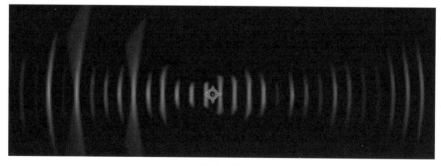

图5-55

5.4.3 ▶ 技术总结

通过本案例的制作，相信读者应该已经掌握在After Effects CC中使用频谱效果的方法了。本案例中巧妙地将音频频谱的效果加入径向模糊进行表现，利用四色渐变命令使频谱效果得到完美展现，所以读者要尽可能地做好每一步效果，举一反三，为项目制作积累良好的素材。

5.5 音画合成

素材文件： 素材文件/第5章/5.5音画合成
案例文件： 案例文件/第5章/5.5音画合成.aep
视频教学： 视频教学/第5章/5.5音画合成.mp4
技术要点： 熟悉After Effects CC中【跟踪摄像机】、【音频频谱】特效命令的使用

5.5.1 案例思路

本案例介绍3D摄像机跟踪效果的应用，通过导入实拍素材，设置摄像机跟踪点，选取跟踪区域创建实底和摄像机，导入音频生成音频频谱层，使画面呈现出真实环境下的音画合成效果。

5.5.2 制作步骤

1. 创建3D摄像机追踪

STEP 1 新建项目和【HDV/HDTV 720 25】预设合成，设置【持续时间】为0:00:08:00，如图5-56所示。

STEP 2 双击【项目】面板的空白处，导入"5.5画面""5.5声音"作为素材文件，将其拖曳到时间线面板中，如图5-57所示。

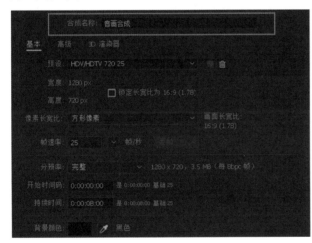

图5-56

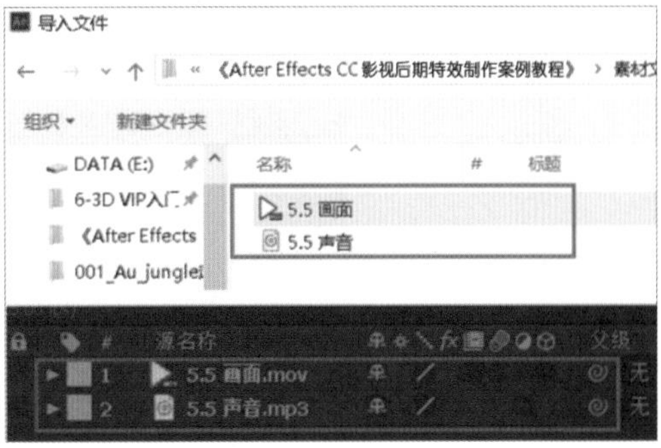

图5-57

STEP 3 选择"5.5画面"，执行【动画】>【跟踪摄像机】命令，如图5-58所示。等待几分钟后，【音画合成】窗口出现许多各种颜色的跟踪点，如图5-59所示。

图5-58

图5-59

STEP 4 使用鼠标左键在【音画合成】窗口中选择这些跟踪点，如图5-60所示。单击鼠标右键，
执行快捷菜单中的【创建实底和摄像机】命令，得到"跟踪实底1"和"3D跟踪器摄像机"，如图
5-61所示，效果如图5-62所示。

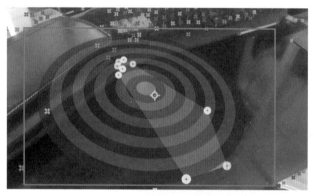

图5-60

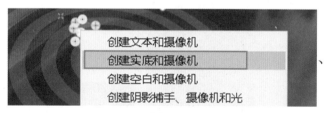

图5-61

图5-62

STEP 5 选择"跟踪实底1"图层，执行【图层】>【纯色设置】命令，设置【宽度】为849像素，【高度】为365像素，如图5-63所示。

STEP 6 设置【跟踪实底1】的【变换】选项，设置【位置】为"945.7,388.7,-79.1"，【方向】为"312.6°,352.4°,327.8°"，如图5-64所示，效果如图5-65所示。

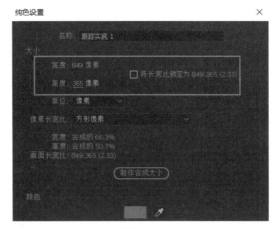

图5-63

图5-64

图5-65

2. 制作音画合成效果

STEP 1 选择"跟踪实底1"图层，执行【效果】>【生成】>【音频频谱】命令，设置【音频层】为"5.5 声音.mp3"，【最大高度】为3590.0，【厚度】为16.20，【柔和度】为0.0%，【面选项】为"A面"，如图5-66所示，效果如图5-67所示。

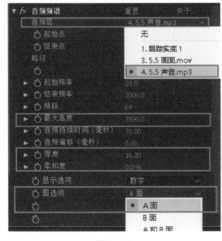

图5-66

图5-67

STEP 2 选择"跟踪实底1"图层,设置【变换】>【X轴旋转】为"0×+90.0",如图5-68所示,效果如图5-69所示。选择"跟踪实底1"图层,按键盘上的快捷键Ctrl+D进行复制,设置【变换】>【位置】为"899.5,334.2,-29.0",如图5-70所示,效果图5-71所示。

图5-68

图5-69

图5-70

图5-71

5.5.3 技术总结

3D跟踪摄像机是After Effects CC软件推出的新功能,不仅可以追踪实拍的视频素材,也可以进行音画合成效果的制作,应用非常广泛。

5.6 彩条波动

素材文件: 素材文件/第5章/5.6彩条波动

案例文件: 案例文件/第5章/5.6彩条波动.aep

视频教学： 视频教学/第5章/5.6彩条波动.mp4

技术要点： 熟悉After Effects CC中【音频频谱】特效命令的使用

5.6.1　案例思路

　　本案例的制作思路是通过导入音频素材，添加音频频谱效果，设置音频频谱参数，使画面呈现彩条波动效果。

5.6.2　制作步骤

STEP 1 　新建项目和【HDV/HDTV 720 25】预设合成，设置【持续时间】为0:00:08:00，如图5-72所示。

STEP 2 　双击【项目】面板的空白处，导入"5.6 music"作为素材文件，将其拖曳到时间线面板中，如图5-73所示。

图5-72　　　　　　　　　　　　　　　　　　　图5-73

STEP 3 　执行【图层】>【新建】>【纯色】命令，设置【名称】为"彩条波动"，【宽度】为1280像素，【高度】为720像素，如图5-74所示。

图5-74

STEP 4 　执行【效果】>【生成】>【音频频谱】命令，设置【音频层】为"5.6 music.mp3"，【起始点】为"136.0,560.0"，【结束点】为"1152.0,556.0"，【起始频率】为101.0，【结束频率】为401.0，【频段】为20，【最大高度】为5870.0，【音频持续时间(毫秒)】为110.00，【厚度】为46.70，【柔和度】为0.0%，如图5-75所示。

STEP 5 设置【色相插值】为"0×+139.0°",设置【面选项】为"A面",如图5-76所示。

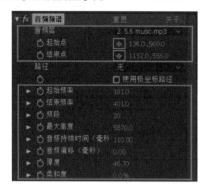
图5-75

图5-76

STEP 6 最终效果如图5-77所示。

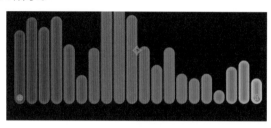
图5-77

5.6.3 技术总结

通过本案例的制作,读者可以了解音频频谱效果的详细用法。本案例中可以应用一个制作技巧,就是通过调节色相插值的方式调节音符彩条的颜色。

色彩空间与粒子光

本章主要讲解色彩空间与粒子光的案例制作。通过对本章7个案例的讲解，读者可以掌握视频校色、插件粒子效果、皮肤美颜和动态遮罩的制作方法。

6.1　旧时光

素材文件： 素材文件/第6章/6.1旧时光

案例文件： 案例文件/第6章/6.1旧时光.aep

视频教学： 视频教学/第6章/6.1旧时光.mp4

技术要点： 熟悉After Effects CC中【曲线】、【Mask遮罩】、【快速模糊】、【图层模式】、【色相/饱和度】特效命令的综合运用

6.1.1　案例思路

本案例主要介绍旧时光、老照片效果的制作，通过设置【曲线】命令对视频素材进行校色，利用椭圆工具做遮罩压暗角，添加【模糊】命令使画面更加柔和，从而实现旧时光电影动态效果。

6.1.2　制作步骤

1. 前期制作

STEP 1 新建项目和【HDV/HDTV 720 25】预设合成，设置【持续时间】为0:00:08:00，如图6-1所示。

STEP 2 双击【项目】面板的空白处，在弹出的【导入文件】对话框中，查找路径，导入"6.1视频.mov"作为素材，拖曳到时间线面板中，如图6-2所示。

STEP 3 执行【效果】>【颜色校正】>【曲线】命令，设置曲线的形状，如图6-3所示。

图6-1

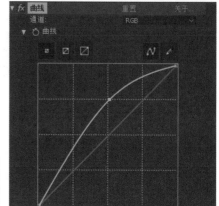

图6-2   图6-3

STEP 4 选择"6.1 视频.mov"，按键盘上的快捷键Ctrl+D，复制新图层，重命名为"素材蒙版"，选择"素材蒙版"，双击工具栏上的⬤(椭圆工具)，如图6-4所示。设置【素材蒙版】>【蒙版1】选项，勾选【反转】复选框，设置【蒙版扩展】为-126.0像素，如图6-5所示。

图6-4   图6-5

STEP 5 选择"6.1 视频.mov"，执行【效果】>【过时】>【快速模糊】命令，设置【模糊度】为61.0，如图6-6所示，效果如图6-7所示。

图6-6   图6-7

2. 旧时光合成

STEP 1 双击【项目】面板的空白处，在弹出的【导入文件】对话框中，查找路径，导入"6.1视频1.mov"作为素材，拖曳到时间线面板中，如图6-8所示。

图6-8

STEP 2 选择 "6.1 视频1.mov" ，执行【变换】>【缩放】命令，取消【约束比例】，设置【缩放】为 "196.0,155.0%" ，【模式】为 "相乘" ，如图6-9所示。

图6-9

STEP 3 执行【图层】>【新建】>【调整图层】命令，如图6-10所示。执行【效果】>【色彩校正】>【色相/饱和度】命令，设置【色相/饱和度】效果，勾选【彩色化】复选框，设置【着色色相】为 "0×+52.0°" ，【着色饱和度】为41，【着色亮度】为-8，如图6-11所示。

图6-10

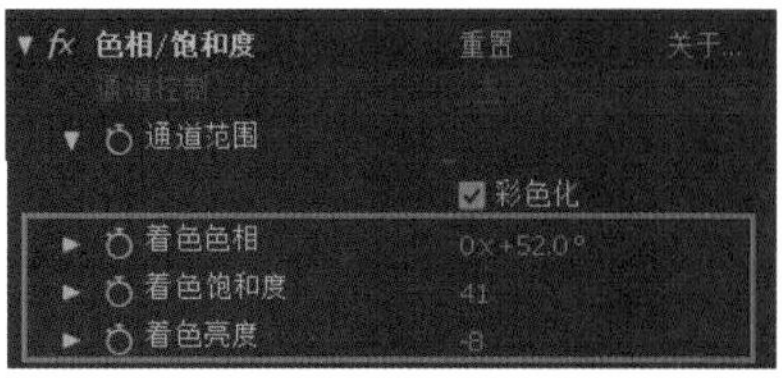

图6-11

STEP 4 最终效果如图6-12所示。

图6-12

6.1.3 技术总结

　　通过本案例的制作，读者可以了解After Effects CC软件中曲线校色和Mask遮罩的应用方法，以及如何添加色相/饱和度效果进行色彩校正。本案例中曲线校色是通过调节曲线的曲率来设置画面的亮度，这一点不同于色相/饱和度以及色彩平衡。

| 6.2 花瓣飘落

素材文件： 素材文件/第6章/6.2花瓣飘落

案例文件： 案例文件/第6章/6.2花瓣飘落.aep

视频教学： 视频教学/第6章/6.2花瓣飘落.mp4

技术要点： 熟悉After Effects CC中Particular、【预合成】特效命令的综合运用

6.2.1 ▶ 案例思路

本案例主要介绍花瓣素材与外置粒子插件的功能应用，主要的制作思路是利用平面软件抠出花瓣素材，然后添加外置Particular粒子插件实现花瓣飘落效果。

6.2.2 ▶ 制作步骤

STEP 1 新建项目和【HDV/HDTV 720 25】预设合成，设置【持续时间】为0:00:08:00，如图6-13所示。

STEP 2 执行【图层】>【新建】>【纯色】命令，设置【名称】为"花瓣粒子"，【宽度】为1280像素，【高度】为720像素，如图6-14所示。

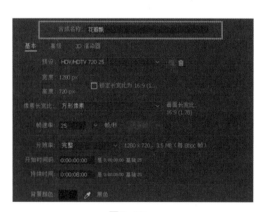

图6-13

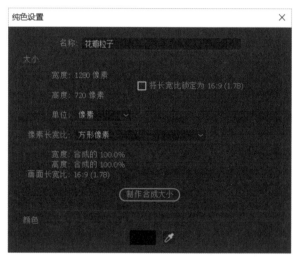

图6-14

STEP 3 执行【效果】> RG Trapcode > Particular命令，设置Particular > Emitter Type为Box，Position为"642.0,-110.0,0.0"，Direction为Directional，X Rotation为"0×-90.0°"，Velocity为400.0，Emitter Size为XYZ Individual，Emitter Size X为1076，Emitter Size Y为50，Emitter Size Z为50，如图6-15所示。

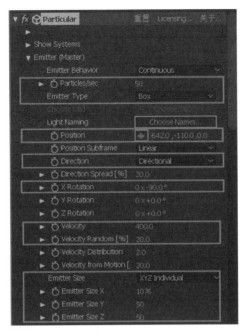

图6-15

STEP 4 设置Particle(Master) > Life[sec]为13.0，Wind X为80.0，如图6-16所示。设置Turbulence Field > Affect Position为195.0，Scale为4.0，如图6-17所示。

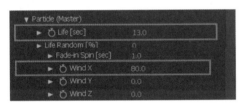

图6-16

图6-17

STEP 5 双击【项目】面板的空白处，在弹出的【导入文件】对话框中，导入"6.2 花瓣飘.png""6.2场景.jpg"作为素材，拖曳到时间线面板中，按键盘上的R键，设置【旋转】为"0×-90.0°"，如图6-18所示。执行【图层】>【预合成】命令，在【预合成】对话框中设置【新合成名称】为"6.2 花瓣飘.png合成1"，取消 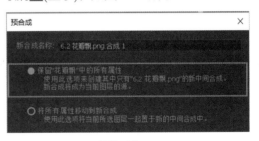(显示)，如图6-19所示。

图6-18

图6-19

STEP 6 选择"花瓣粒子"，设置Particular > Particle Type为Sprite，设置Texture > Layer为"6.2 花瓣飘.png合成"，如图6-20所示。

STEP 7 ▶ 设置Particle(Master) > Random Rotation为62.0，如图6-21所示。 选择【片段转换 素材】1,2，执行【图层】>【时间】>【时间反向图层】命令。

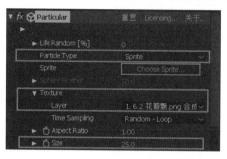

图6-20

图6-21

STEP 8 ▶ 选择"6.2场景.jpg"素材，拖曳到合成的最底层，最终效果如图6-22所示。

图6-22

6.2.3 ▶ 技术总结

通过本案例的制作，读者应该已经掌握花瓣飘落效果的制作方法了。本案例的图像素材是PNG格式的，选用PNG格式是因为带有透明通道信息，这样便于在Particular中快速实现效果。

6.3 皮肤美颜

素材文件： 素材文件/第6章/6.3皮肤美颜
案例文件： 案例文件/第6章/6.3皮肤美颜.aep
视频教学： 视频教学/第6章/6.3皮肤美颜.mp4
技术要点： 熟悉After Effects CC中【移除颗粒】、【高斯模糊】、【曲线】、Looks特效命令的使用

6.3.1 案例思路

本案例主要介绍视频皮肤美颜效果的制作，基本制作思路是前期通过添加移除颗粒效果对视频素材进行修整，进而添加高斯模糊效果使视频中的人物角色脸部皮肤更加柔和，最终利用外置Looks插件使皮肤更加细腻。

6.3.2 制作步骤

1. 移除颗粒

STEP 1 新建项目和【HDV/HDTV 720 25】预设合成，设置【持续时间】为0:00:10:00，如图6-23所示。

图6-23

STEP 2 双击【项目】面板的空白处，在弹出的【导入文件】对话框中，导入"6.3 视频.mov"作为素材，拖曳到时间线面板中，如图6-24所示。

图6-24

STEP 3 选择"6.3 视频.mov"素材，执行【效果】>【杂色和颗粒】>【移除颗粒】命令，如图6-25所示，效果如图6-26所示。

图6-25

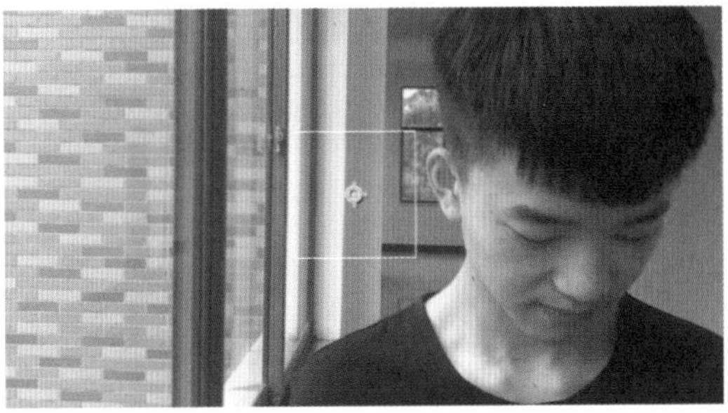

图6-26

STEP 4 设置【移除颗粒】>【预览区域】>【中心】为"971.0,412.0"，设置【宽度】为530，

【高度】为530，设置【钝化蒙版】>【数量】为1.000，【半径】为1.100，【阈值】为0.090，如图6-27所示。

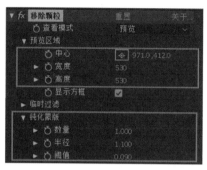

图6-27

STEP 5 设置【查看模式】为"最终输出"，如图6-28所示。选择"6.3 视频.mov"素材，按键盘上的快捷键Ctrl+D，复制新图层，重命名为"6.3 视频1.mov"，如图6-29所示。

图6-28

图6-29

2. 美肤效果

STEP 1 选择"6.3 视频1.mov"素材，执行【模糊和锐化】>【高斯模糊】命令，设置【模糊度】为1.5，如图6-30所示。执行【效果】>【颜色校正】命令，设置【曲线】形状，如图6-31所示。

图6-30

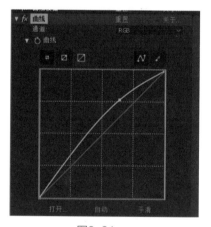

图6-31

STEP 2 执行【图层】>【新建】>【调整图层】命令，如图6-32所示。执行【效果】> Magic Bullet > Looks命令，设置Looks参数，单击Edit...按钮，如图6-33所示。

图6-32

图6-33

STEP 3 设置Looks > Enhancements > Palefellow下的参数，单击右下角的对号图标，如图6-34所示，最终效果如图6-35所示。

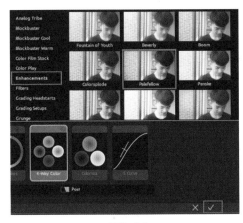

图6-34

图6-35

6.3.3　技术总结

通过本案例的制作，读者可以掌握移除颗粒和高斯模糊效果的设置方法。本案例在制作过程中还巧妙地添加了外置插件进行磨皮，相对于After Effects CC中传统单一的皮肤修正命令，Looks插件中含有大量的磨皮滤镜，方便读者从中选取所需。

6.4　三原色

素材文件： 无
案例文件： 案例文件/第6章/6.4三原色.aep
视频教学： 视频教学/第6章/6.4三原色.mp4
技术要点： 熟悉After Effects CC中文本工具、【序列图层】、【图层遮罩】、【Alpha遮罩】特效命令的使用

6.4.1　案例思路

本案例主要介绍动态遮罩的制作方法，主要思路是在After Effects CC中通过创建静态图层制作动态遮罩，运用序列图层对动态遮罩进行排序，最终使用文本工具形成三原色效果。

6.4.2 制作步骤

1.前期制作

STEP 1 新建项目和【HDV/HDTV 720 25】预设合成，设置【持续时间】为 0:00:10:00，如图6-36所示。

STEP 2 执行【图层】>【新建】>【纯色】命令，设置【宽度】为160像素，【高度】为720像素，【颜色】为"黑色"，单击【三原色】合成窗口下方的(切换透明网格)图标，如图6-37所示，效果如图6-38所示。

图6-36

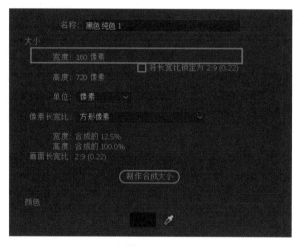

图6-37

图6-38

STEP 3 选择"黑色 纯色1"图层，将其拖曳到合成窗口的最左侧，单击工具栏上的(向后平移锚点工具)将轴向点移动到图层条的最下方，展开【变换】>【缩放】选项，单击取消(约束比例)，在时间线0:00:00:00处，设置【缩放】为"100.0,0.0%"，如图6-39所示。拖曳时间线到0:00:00:16处，设置【缩放】为"100.0,100.0%"，选择时间线面板上的关键帧，按键盘上的F9键，将普通关键帧转换为如图6-40所示，效果如图6-41所示。

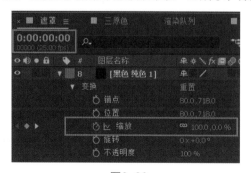

图6-39

图6-40

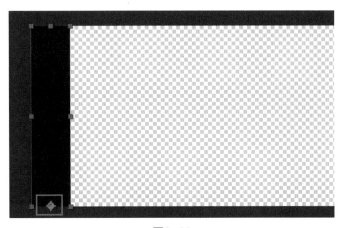

图6-41

STEP 4 选择"黑色 纯色1"图层，按键盘上的快捷键Ctrl+D，复制新图层，重命名为"黑色 纯色2"，单击工具栏上的▶(选取工具)，在【三原色】合成窗口中拖曳到"黑色 纯色2"的右侧对齐，如图6-42所示。单击工具栏上的▓(向后平移锚点工具)，将"黑色 纯色2"图层的轴心点移至上方，如图6-43所示。

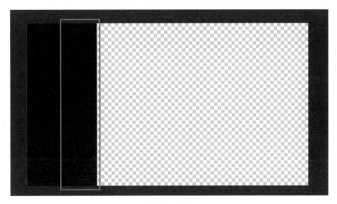

图6-42

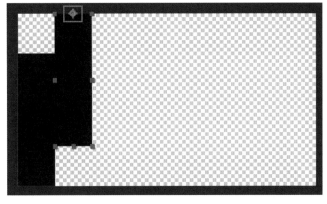

图6-43

STEP 5 选择"黑色 纯色1"和"黑色 纯色2"图层，按键盘上的快捷键Ctrl+D，复制三个新图层，使其对齐，如图6-44所示，效果如图6-45所示。

图6-44

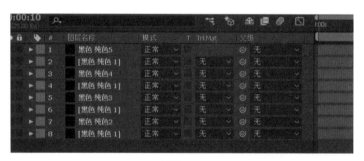

图6-45

STEP 6 选择所有图层，执行【动画】>【关键帧辅助】>【序列图层】命令，弹出【序列图层】对话框，勾选【重叠】复选框，设置【持续时间】为0:00:04:20，如图6-46所示，效果如图6-47所示。

图6-46

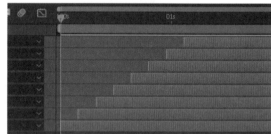

图6-47

STEP 7 选择所有图层，执行【图层】>【预合成】命令，在弹出的【预合成】对话框中，设置【新合成名称】为"遮罩"，如图6-48所示。

图6-48

STEP 8 执行【合成】>【新建合成】命令，设置【合成名称】为"三原色"，如图6-49所示。执行【图层】>【新建】>【纯色】命令，使用默认参数，如图6-50所示。单击工具栏上的 **T**(横排文字工具)，在合成窗口中输入"三原色"。

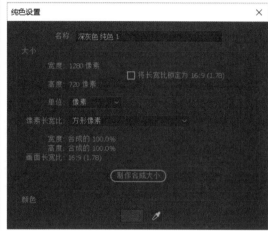

图6-49

图6-50

2. 后期合成

STEP 1 执行【合成】>【新建合成】命令，设置【合成名称】为"红绿蓝"，如图6-51所示。

执行【图层】>【新建】>【纯色】命令，设置【名称】为"红色 纯色2"，设置【宽度】为427像素，【宽度】为720像素，【颜色】为红色(R:255,G:0,B:0)，如图6-52所示，效果如图6-53所示。按键盘上的快捷键Ctrl+D，对红色的纯色层复制两次，分别更改颜色为绿色(R:0,G:236B:49)、蓝色(R:0,G19,B:236)，如图6-54所示，效果如图6-55所示。

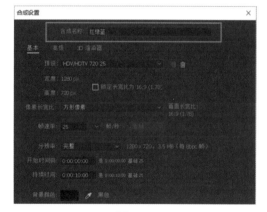

图6-51

图6-52

图6-53

图6-54

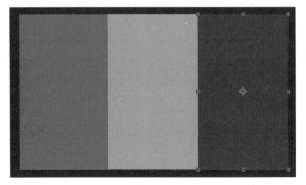

图6-55

STEP 2 执行【合成】>【新建合成】命令，设置【合成名称】为"总合成"，【宽度】为1280px，【高度】为720px，如图6-56所示。分别将"遮罩""红绿蓝""三原色"三个图层拖到【总合成】图层，如图6-57所示。选择【红绿蓝】图层，设置TrkMat为"Alpha 遮罩'遮罩'"，如图6-58所示。

图6-56

图6-57

图6-58

STEP 3 最终效果如图6-59所示。

图6-59

6.4.3 技术总结

通过本案例的讲解，读者应该已经掌握多种图层遮罩的使用方法了，这些遮罩的应用范围不仅是单个素材，在制作较为复杂的案例时应用也极为广泛。

6.5　战争模拟

素材文件： 素材文件/第6章/6.5战争模拟

案例文件： 案例文件/第6章/6.5战争模拟.aep

视频教学： 视频教学/第6章/6.5战争模拟.mp4

技术要点： 熟悉After Effects CC中【替代层】、Particular特效的使用

6.5.1 案例思路

本案例是模拟战争中的机甲坦克出现的效果，使读者掌握利用外部图片素材创建替代层的方法，其制作思路是导入图片素材，在粒子发射器、粒子数量、物理参数等方面设置外部粒子插件。

6.5.2 制作步骤

STEP 1 新建项目和【HDV/HDTV 720 25】预设合成，设置【持续时间】为0:00:05:00，如图6-60所示。

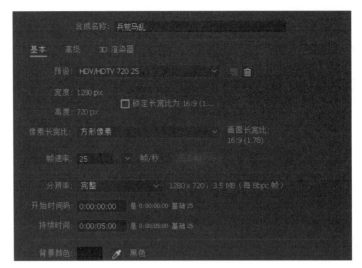

图6-60

STEP 2 双击【项目】面板的空白处，查找路径，导入"6.5 素材.jpg""6.5素材1.png"作为素材，拖曳到时间线面板中，选择"6.5 素材.jpg"，按键盘上的快捷键Ctrl+Alt+F进行素材适配，如图6-61所示。

图6-61

STEP 3 执行【图层】>【新建】>【纯色】命令，设置【名称】为"背景"，【宽度】为1280像素，【高度】为720像素，将"6.5素材1.png"拖曳到时间线面板中，如图6-62所示。

图6-62

STEP 4 执行【图层】>【新建】>【纯色】命令，设置【名称】为"替代层"，使用默认参数，如图6-63所示。

STEP 5 执行【效果】> RG Trapcode > Particular命令，添加粒子特效，如图6-64所示。

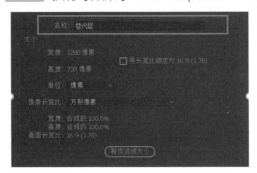

图6-63

图6-64

STEP 6 设置Emitter(Master) > Particles/sec为4，Emitter Type为Box，Position为"1157.0,255.0,0.0"，Velocity Random为0，Velocity Distribution为0，Emitter Size为XYZ Individual，Emitter Size X为919，Emitter Size Y为654，Emitter Size Z为400，如图6-65所示。

STEP 7 在Particle (Master)选项中，设置Life[sec]为3.0，Particle Type为Sprite，Texture > Layer为"6.5素材1.png"，Size为100.0，如图6-66所示，效果如图6-67所示。

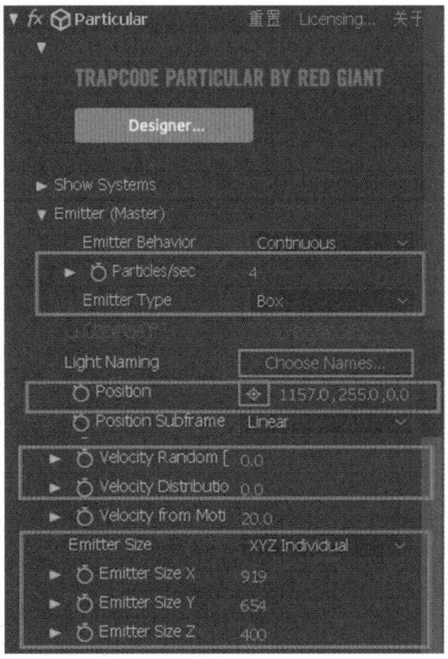

图6-65

图6-66

图6-67

STEP 8 设置Physics(Master)选项，在时间线00:00:02:15处，设置Physics Time Factor为1.0，如图6-68所示。将时间线拖曳到00:00:02:16的位置，设置Physics Time Factor为0，如图6-69所示。

图6-68

图6-69

STEP 9 选择 "替代层",选择 (3D图层)图标,设置【位置】为 "541.3,260.3,664.0",【缩放】为 "173.0,173.0,173.0%",如图6-70所示。将 "6.5 素材.jpg" 拖曳到时间线面板最底层,按键盘上的快捷键Ctrl+Alt+F进行适配,如图6-71所示,效果如图6-72所示。

图6-70

图6-71

图6-72

6.5.3 技术总结

通过对该案例的讲解,相信读者对After Effects CC软件中替代层、外置粒子插件的参数设置和应用有了深入的了解,后期运用Particular命令会获得更多神奇的效果。

6.6 魔法手指

素材文件: 素材文件/第6章/6.6魔法手指

案例文件: 案例文件/第6章/6.6魔法手指.aep

视频教学: 视频教学/第6章/6.6魔法手指.mp4

技术要点: 熟悉After Effects CC中【跟踪运动】、【镜头光晕】、CC Particle Systems II 特效命令的使用

案例思路

　　本案例利用CC粒子仿真技术来模拟魔法手指的效果。制作思路是先跟踪视频手部运动，添加镜头光晕，运用CC粒子仿真世界命令，最终实现粒子追尾的效果。

6.6.2　制作步骤

　　1. 运动追踪

STEP 1 新建项目和【HDV/HDTV 720 25】预设合成，设置【持续时间】为0:00:03:00，如图6-73所示。

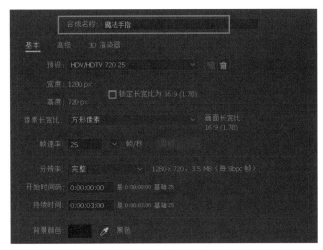

图6-73

STEP 2 双击【项目】面板的空白处，在弹出的【导入文件】对话框中，导入"6.6视频素材.mov"作为素材，拖曳到时间线面板中，如图6-74所示。

图6-74

STEP 3 将【时间指示器】拖曳到0:00:00:22处，执行【窗口】>【跟踪器】命令，在【跟踪器】面板中，设置【跟踪运动】>【当前跟踪】为"跟踪器1"，在图层窗口中选择【跟踪器1】移动到角色手指处，如图6-75所示，效果如图6-76所示。

图6-75

图6-76

STEP 4 单击▶(向前分析)图标进行手指运动跟踪，到时间线0:00:01:24处，单击停止，在图层窗口中选择【跟踪器1】移动到角色手指处，如图6-77所示。执行【图层】>【新建】>【空对象】命令，建立一个空白图层，如图6-78所示。

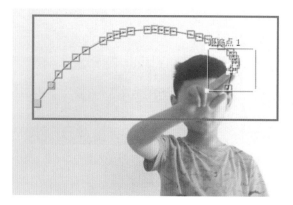

图6-77

图6-78

STEP 5 在【跟踪器】面板中，设置【编辑目标】>【将运动应用于】为"1.空1"，单击【应用】按钮，如图6-79所示。设置【动态跟踪器应用选项】对话框中的【应用维度】为"X和Y"，如图6-80所示。

图6-79

图6-80

STEP 6 在【合成】窗口中就会生成实体的运动路径，效果如图6-81所示。

图6-81

2. 粒子光晕效果

STEP 1 执行【图层】>【新建】>【纯色】命令，设置【名称】为"粒子光晕"，【颜色】为"黑色"，如图6-82所示。

图6-82

STEP 2 执行【效果】>【生成】>【镜头光晕】命令，设置【光晕亮度】为10%，【镜头类型】为"105毫米定焦"，如图6-83所示。

图6-83

STEP 3 分别展开"粒子光晕"和"空1"图层，如图6-84所示。按住键盘上的Alt键，同时用鼠标单击【粒子光晕】>【光晕中心】>【表达式：光晕…】中的◎(螺旋线)图标，将◎(螺旋线)图标拖曳到【空1】>【位置】上面进行父子链接，如图6-85所示。更改【模式】为"相加"，如图6-86所示，效果如图6-87所示。

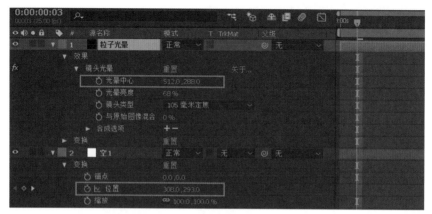

图6-84

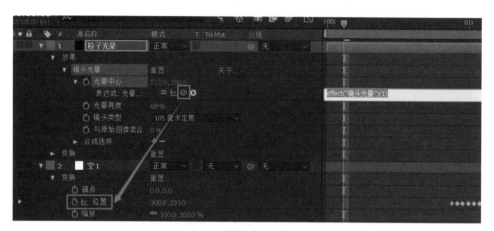

图6-85

图6-86

图6-87

STEP 4 执行【图层】>【新建】>【纯色】命令，设置【名称】为"粒子光"，【颜色】为"黑色"，如图6-88所示。

STEP 5 执 行【 效 果 】>【 模 拟 】> C C
Particle Systems II 命令，如图6-89所
示。分别展开CC Particle Systems II和
"空1"图层，按住键盘上的Alt键，同时用
鼠标单击Producer > Position，设置【表
达式：光晕…】中的 (螺旋线)图标，将
(螺旋线)图标拖曳到【空1】>【位置】上面
进行父子链接，更改【模式】为"相加"，
如图6-90所示，效果如图6-91所示。

图6-88

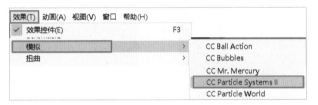

图6-89

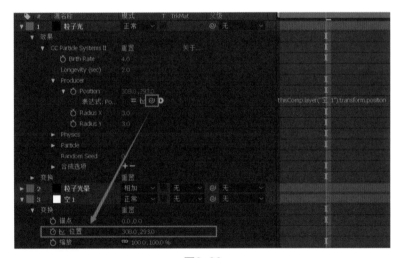

图6-90

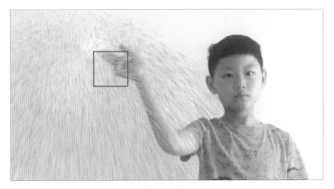

图6-91

STEP 6 设置CC Particle Systems II > Producer > Radius X为0，Radius Y为0，Physics > Velocity为0.1，Gravity为0，如图6-92所示。

STEP 7 设置Particle>Particle Type为Cube，Birth Size为0.15，Death Size为0，Birth Color 为浅黄色(R:255,G:249,B:189)，Death Color为浅粉色(R:255,G:244,B:244)，如图6-93所示，取消选中"空1"图层的 **○**(显示)图标。

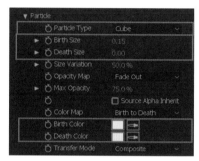

图6-92   图6-93

STEP 8 最终效果如图6-94所示。

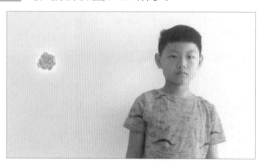

图6-94

6.6.3 技术总结

本节通过对"魔法手指"案例的讲解，相信读者对视频图像追踪、粒子光添加、粒子动态追尾的参数设置和应用有了深入的了解。本案例的技术要点在于手部运动与跟踪的位置，只有两者位置相匹配才能使跟踪画面平稳。

| 6.7　蠕动的神经

素材文件： 素材文件/第6章/6.7蠕动的神经

案例文件： 案例文件/第6章/6.7蠕动的神经.aep

视频教学： 视频教学/第6章/6.7蠕动的神经.mp4

技术要点： 熟悉After Effects CC中【跟踪运动】、【Mask遮罩】、【自动定向】、CC Glass特效命令的使用

6.7.1　案例思路

　　本案例主要介绍神经蠕动效果的制作方法，其中主要运用两点跟踪技术与Mask遮罩绘制关键帧的方式进行表情捕捉，为了使蠕动效果更加真实，最后又添加CC Glass特效命令来模拟真实的蠕动神经效果。

6.7.2　制作步骤

1. 设置文本

STEP 1 新建项目和【HDV/HDTV 720 25】预设合成，设置【持续时间】为0:00:06:00，如图6-95所示。

图6-95

STEP 2 双击【项目】面板的空白处，在弹出的【导入文件】对话框中，查找路径，导入"6.7视频素材.mov"作为素材，拖曳到时间线面板中，如图6-96所示。

图6-96

STEP 3 执行【图层】>【新建】>【空对象】命令，建立空白图层，如图6-97所示，效果如图6-98所示。

图6-97

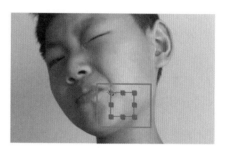

图6-98

STEP 4 选择"6.7视频素材.mov"，执行【窗口】>【跟踪器】命令，在弹出的面板中单击【跟踪运动】按钮，勾选【位置】和【旋转】复选框，如图6-99所示，效果如图6-100所示。设置"跟踪点1"在头发根部，设置"跟踪点2"在鼻孔内部，单击【向前分析】进行跟踪模拟，完成后形成跟踪路径，如图6-101所示，效果如图6-102所示。

图6-99

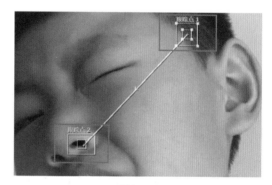

图6-100

图6-101

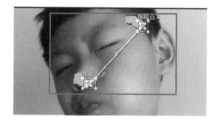

图6-102

STEP 5 在【跟踪器】面板中，设置【编辑目标】>【将运动应用于】为"1.空1"，单击【应用】按钮，如图6-103所示。设置【动态跟踪器应用选项】>【应用维度】为"X和Y"，效果如图6-104所示。

STEP 6 执行【图层】>【新建】>【纯色】命令，如图6-105所示。设置【宽度】为1280像素，【高度】为720像素，【名称】为"神经"，【颜色】为"白色"。单击工具栏上的⬭(椭圆工具)，在【蠕动的神经】合成窗口中进行遮罩绘制，拖曳"神经"图层遮罩到画面外，如图6-106所示，效果如图6-107所示。

图6-103

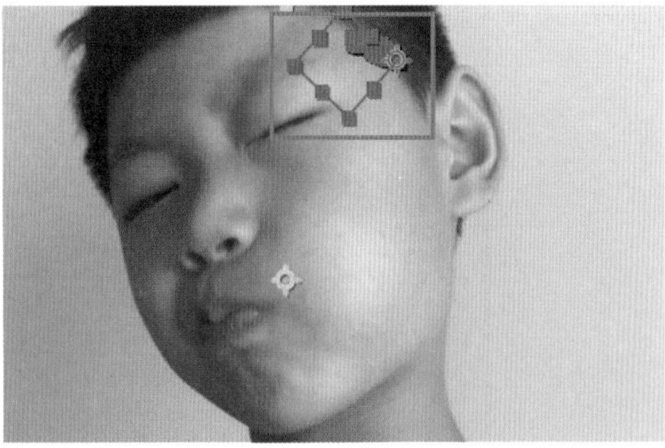

图6-104

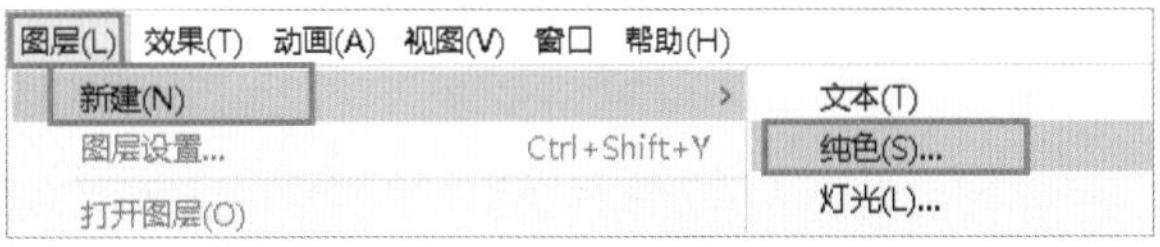

图6-105

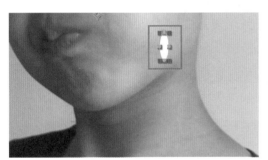

图6-106

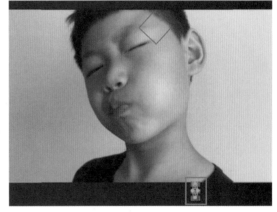

图6-107

STEP 7 选择"神经"图层，按键盘上的P键，设置位移动画，在时间线0:00:00:00处，设置【位置】为"893.5,756.0"，拖曳【当前时间指示器】到0:00:02:00处，设置【位置】为"653.5,-54.0"，效果如图6-108所示。单击 (螺旋线)图标，拖曳到"空1"图层，如图6-109所示。在时间线0:00:00:15处，设置【位置】为"312.1,-345.9"，如图6-110所示。在时间线0:00:01:07处，在弹出的对话框中设置【位置】为"120.1,-150.6"，如图6-111所示。执行【图层】>【变换】>【自动定向】命令，设置【自动定向】为"沿路径定向"，如图6-112所示。按键盘上的R键，设置【旋转】为"0×-93.5°"，如图6-113所示。展开"神经"图层，设置【蒙版羽化】为8.0像素，【蒙版不透明度】为60%，如图6-114所示，效果如图6-115所示。

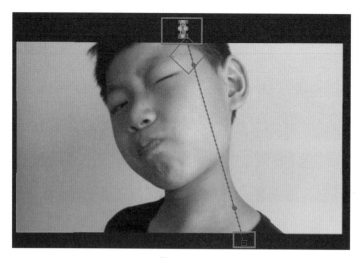

图6-108

图6-109

图6-110

图6-111

图6-112

图6-113

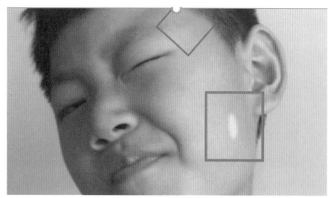

图6-114　　　　　　　　　　　　　　　图6-115

STEP 8　选择"神经"和"空1"图层，如图6-116所示。按键盘上的快捷键Ctrl+Shift+C进行预合成，设置【预合成】对话框中的【新合成名称】为"神经蠕动"，如图6-117所示。单击◉(显示)图标，取消"神经"图层的显示，选择"6.7视频素材.mov"，执行【效果】>【风格化】> CC Glass命令，在Surface下，设置Bump Map为"1.神经蠕动"，Softness为25.6，Height为24.0，Displacement为60.0；在Light下，设置Light Height为55.0；在Shading下，设置Diffuse为69.0，Specular为18.0，如图6-118所示。

图6-116

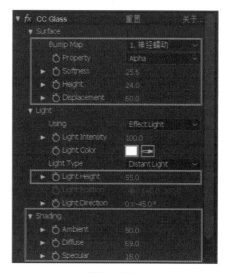

图6-117　　　　　　　　　　　　　　　图6-118

STEP 9　最终效果如图6-119所示。

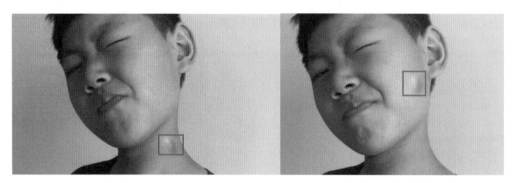

图6-119

6.7.3 ▶ 技术总结

通过对"蠕动的神经"案例的制作,读者可以掌握软件中跟踪运动、自动定向及CC Glass碎片特效等参数设置。在视频制作中,技术是为艺术服务的,所以最高级的技术就是艺术本身。所有的制作技巧都是为画面服务的,所以我们需要认真地研究素材画面,选取适合的案例效果。

雨雾气体大爆炸

本章主要讲解雨雾气体大爆炸的案例制作。通过对本章5个案例的讲解，读者可以掌握灯光与粒子相结合、雨滴效果、雷电效果、高级闪电效果的制作方法和技巧。

7.1 流动烟雾

素材文件： 无

案例文件： 案例文件/第7章/7.1流动烟雾.aep

视频教学： 视频教学/第7章/7.1流动烟雾.mp4

技术要点： 熟悉After Effects CC中【灯光层】、Particular特效命令的综合运用

7.1.1 案例思路

本案例主要介绍在After Effects CC中利用灯光层和外置粒子插件配合来模拟流动烟雾的效果，掌握影视特效中流动烟雾的制作原理。

7.1.2 制作步骤

1. 前期制作

STEP 1 新建项目和【HDV/HDTV 720 25】预设合成，设置【持续时间】为0:00:10:00，如图7-1所示。

图7-1

STEP 2 执行【图层】>【新建】>【灯光】命令，设置【名称】Emitter，【灯光类型】为"点"，

【颜色】为"白色",如图7-2所示。选择"灯光1",按键盘上的P键,在时间线0:00:00:00处,设置【位置】为"142.1,412.4,-444.4";在时间线0:00:03:24处,设置【位置】为"750.2,174.7,446.8";在时间线0:00:07:00处,设置【位置】为"1236.9,427.5,985.2";在时间线0:00:09:24处,设置【位置】为"1065.6,738.6,1242.2",如图7-3所示。

图7-2

图7-3

STEP 3 执行【图层】>【新建】>【摄像机】命令,创建"摄像机1"图层,如图7-4所示。

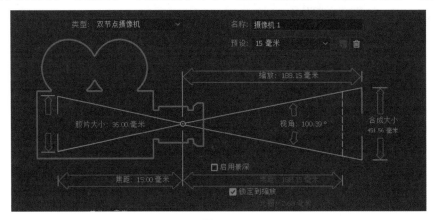

图7-4

STEP 4 执行【图层】>【新建】>【纯色】命令,如图7-5所示。设置【名称】为"粒子烟",【宽度】为1280像素,【高度】为720像素,【颜色】为"黑色"。

图7-5

2. 制作粒子烟雾

STEP 1 执行【效果】> RG Trapcode > Particular命令,如图7-6所示,设置【名称】为"粒子烟"。

图7-6

STEP 2 设置Emitter Type为Light(s)，Light Naming为Emitter，Direction为Directional，如图7-7所示。选择"灯光1"图层，更改名称为Emitter，如图7-8所示。

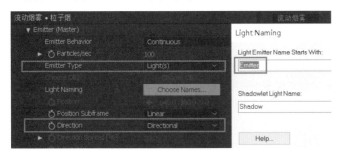

图7-7　　　　　　　　　　　　　　　图7-8

STEP 3 设置Emitter Size为XYZ Individual，Emitter Size X为0，Emitter Size Y为0，Emitter Size Z为0，如图7-9所示。在Particle(Master)选项中，设置Life[sec]为2.5，Life Random[%]为37，Particle Type为Streaklet，如图7-10所示。设置Size为72.0，Size Random[%]为31.0，Opacity为53.0，Opacity Random[%]为52.0，如图7-11所示。在Streaklet选项中，设置Number of Streaks为5，Streak Size为111，如图7-12所示。

图7-9　　　　　　　　　　　　　　　图7-10

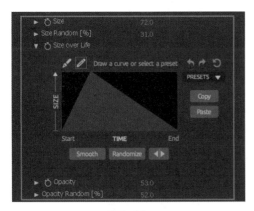

图7-11　　　　　　　　　　　　　　　图7-12

STEP 4 设置Physics Model为Air，Turbulence Field > Affect Position为73.0，如图7-13所示。

图7-13

7.1.3 技术总结

通过本节的讲解，相信读者对After Effects CC软件中制作流动烟雾特效有了一定了解，灯光层和粒子层的结合，调节粒子的物理效果会使案例效果更加真实。

7.2 雷雨 🔍 ➡

素材文件： 素材文件/第7章/7.2雷雨
案例文件： 案例文件/第7章/7.2雷雨.aep
视频教学： 视频教学/第7章/7.2雷雨.mp4
技术要点： 熟悉After Effects CC中CC Rainfall、【高级闪电】特效命令的综合运用

7.2.1 案例思路

本案例使用CC Rainfall和【高级闪电】特效命令来模拟雷雨的效果，其制作思路是导入环境素材，利用纯色层添加雨滴特效，在下雨的同时再添加闪电效果。

7.2.2 制作步骤

1. 下雨效果

STEP 1 新建项目和【HDV/HDTV 720 25】预设合成，设置【持续时间】为0:00:08:00，如图7-14所示。

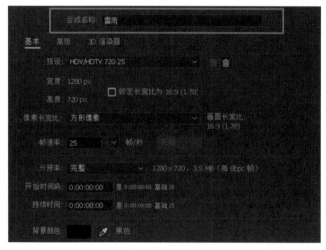

图7-14

STEP 2 双击【项目】面板的空白处，在弹出的【导入文件】对话框中，导入"7.2素材.jpg"作为素材，拖曳到时间线面板中，如图7-15所示。

图7-15

STEP 3 执行【图层】>【新建】>【纯色】命令，设置【名称】为"雷雨"，【宽度】为1280像素，【高度】为720像素，【颜色】为"黑色"，如图7-16所示。执行【效果】>【模拟】> CC Rainfall命令，如图7-17所示。

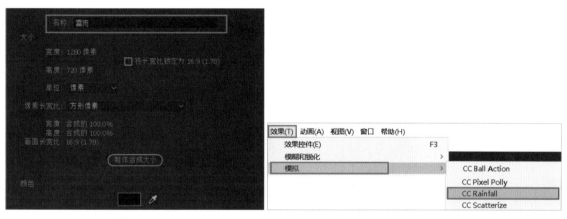

图7-16   图7-17

STEP 4 在CC Rainfall选项中，设置Drops为15900，Size为3.22，Scene Depth为6610，Wind为800.0，Spread为6.0，设置Background Reflection > Influence%为70.0，如图7-18所示。设置"雷雨"图层的【模式】为"相加"，如图7-19所示。

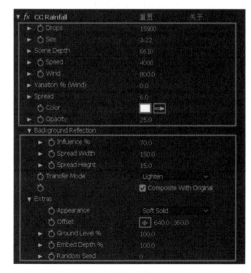

图7-18

图7-19

STEP 5 执行【图层】>【新建】>【纯色】命令，如图7-20所示。设置【名称】为"闪电"，【宽度】为1280像素，【高度】为720像素，【颜色】为"黑色"，执行【效果】>【生成】>【高级闪电】命令，如图7-21所示。

图7-20　　　　　　　　　　　　　　图7-21

STEP 6 设置【源点】为"542.0,-38.0"，【方向】为"697.0,515.0"，【发光设置】>【发光不透明度】为35.0%，【发光颜色】为"R:218,G:218,B:251"，【Alpha 障碍】为1.30，【衰减】为0.10，如图7-22所示。设置【专家设置】>【最小分叉距离】为102，如图7-23所示。

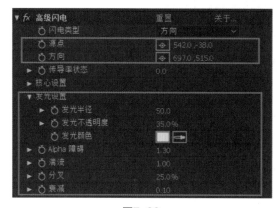

图7-22

图7-23

STEP 7 执行【效果】>【过渡】>【线性擦除】命令，设置【过渡完成】为32%，【擦除角度】为"0×-9.0°"，【羽化】为41.0，如图7-24所示。

图7-24

2. 闪电效果合成

STEP 1 选择"闪电"图层，在【高级闪电】>【传导率状态】中，按住键盘上的Alt键，单击【传导率状态】左侧的（时间变化秒表)图标，设置【表达式：传导…】为"time*100"，如图7-25所示。

图7-25

STEP 2 ▶ 最终效果如图7-26所示。

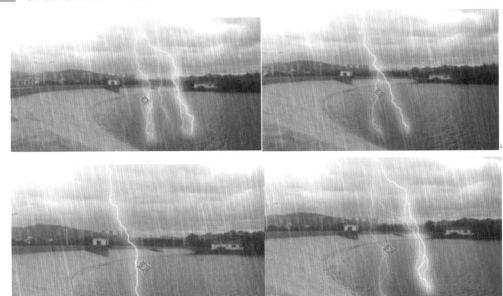

图7-26

7.2.3 ▶ 技术总结

　　雨滴和雷电在After Effects CC软件中是制作影视后期特效时经常使用的效果。当然除了本案例使用的特效命令外，还有很多其他的方法也可以实现雷雨效果。

| 7.3　雪飘　　　　　　🔍

　　素材文件： 素材文件/第7章/7.3雪飘
　　案例文件： 案例文件/第7章/7.3雪飘.aep
　　视频教学： 视频教学/第7章/7.3雪飘.mp4
　　技术要点： 熟悉After Effects CC中【粒子运动场】、【高斯模糊(旧版)】、【发光】特效命令的综合运用

7.3.1 ▶ 案例思路

　　本案例是以图片、视频与影视特效命令相结合的方式来展现飘雪的效果，粒子运动场来实现飘雪，高斯模糊(旧版)来展现雪花质感，配合发光命令提升画面亮度，实现真实飘雪效果动态模拟。

7.3.2 制作步骤

1. 制作飘雪粒子

STEP 1 新建项目和【HDV/HDTV 720 25】预设合成，设置【持续时间】为0:00:05:00，如图7-27所示。

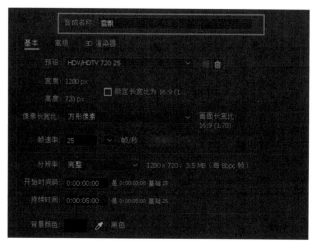

图7-27

STEP 2 双击【项目】面板的空白处，在弹出的【导入文件】对话框中，导入"7.3 图片素材.jpg"作为素材，拖曳到时间线面板中，如图7-28所示。

图7-28

STEP 3 执行【图层】>【新建】>【纯色】命令，如图7-29所示。执行【效果】>【模拟】>【粒子运动场】命令，如图7-30所示。

图7-29

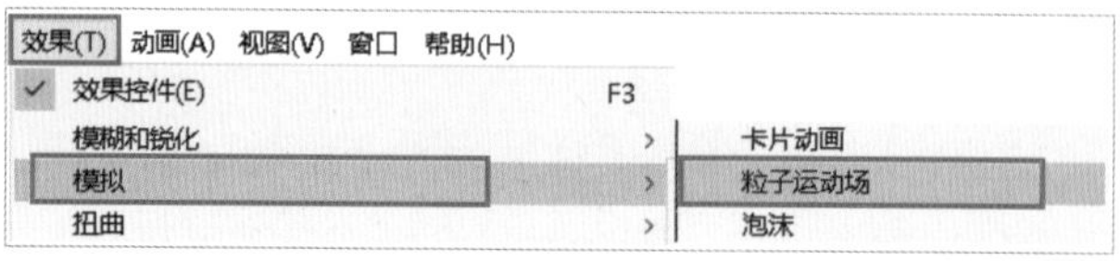

图7-30

STEP 4 设置【粒子运动场】>【位置】为"626.0,-70.0",【圆筒半径】为535.0.0,【每秒粒子数】为60.00,【方向】为"0×+120.0°",【随机扩散方向】为20.00,【速率】为130.00,【随机扩散速率】为47.00,【颜色】为"白色",【粒子半径】为5.00,如图7-31所示。

图7-31

STEP 5 设置【重力】>【力】为120.00,【随机扩散力】为0,【方向】为"0×+180.0°",如图7-32所示,效果如图7-33所示。

图7-32

图7-33

2. 飘雪效果合成

STEP 1 执行【效果】>【过时】>【高斯模糊(旧版)】命令,设置【模糊度】为6.8,【模糊方向】为"水平和垂直",如图7-34所示,效果如图7-35所示。

图7-34

图7-35

STEP 2 执行【效果】>【风格化】>【发光】命令，设置【发光阈值】为47.8%，【发光半径】为48.0，【发光强度】为4.1，如图7-36所示。

图7-36

STEP 3 最终效果如图7-37所示。

图7-37

7.3.3 技术总结

通过对该案例的讲解，相信读者已经掌握After Effects CC软件中粒子运动场和高斯模糊效果的使用，在模糊设置方面除了讲到的高斯模糊外，大家还可以拓展研究运动模糊、矢量模糊等特效。

| 7.4 地爆

素材文件： 素材文件/第7章/7.4地爆

案例文件： 案例文件/第7章/7.4地爆.aep

视频教学： 视频教学/第7章/7.4地爆.mp4

技术要点： 熟悉After Effects CC中CC Particle World(CC粒子仿真世界)、【高斯模糊(旧版)】、【发光】特效命令的使用

7.4.1 案例思路

本案例主要介绍地爆火焰效果的制作方法，将纯色层和摄像机层进行相互配合，添加CC粒子仿真世界特效形成火焰喷射的效果，最后添加高斯模糊和发光效果，实现地爆效果动态模拟。

7.4.2 制作步骤

1. 制作地爆粒子

STEP 1 新建项目和【HDV/HDTV 720 25】预设合成，设置【持续时间】为0:00:10:00，如图7-38所示。

STEP 2 双击【项目】面板的空白处，在弹出的【导入文件】对话框中，导入"7.4 图片素材.jpg"作为素材，拖曳到时间线面板中，如图7-39所示。

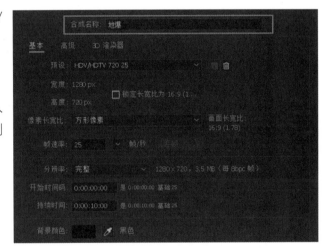

图7-38

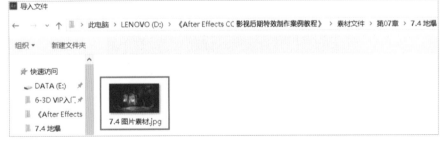

图7-39

STEP 3 执行【图层】>【新建】>【纯色】命令，如图7-40所示，设置【名称】为"地爆"。执行【效果】>【模拟】>CC Particle World命令，如图7-41所示。

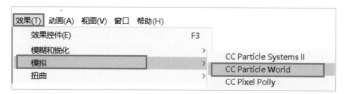

图7-40

图7-41

STEP 4 执行【图层】>【新建】>【摄像机】命令，在弹出的对话框中进行设置，如图7-42所示。选择"地爆"图层，设置CC Particle World > Birth Rate为1.0，Physics > Animation为Twirly，Gravity为0，单击工具栏上的██(统一摄像机工具)，结合摄像机进行调整，如图7-43所示。

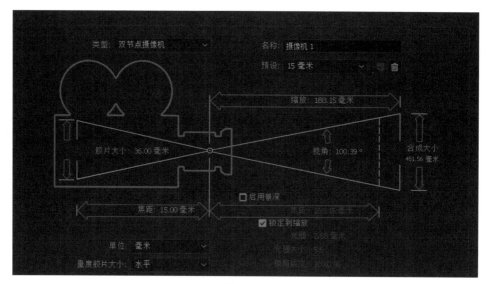

图7-42

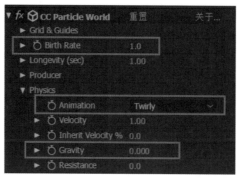

图7-43

2. 地爆效果合成

STEP 1 执行【效果】>【过时】>【高斯模糊(旧版)】命令，设置【模糊度】为3.2。执行【效果】>【风格化】>【发光】命令，设置【发光阈值】为27.1%，【发光半径】为8.0，【发光强度】为1.0，如图7-44所示。按键盘上的快捷键Ctrl+D，进行三次复制，选择最上方的"地爆"图层，按键盘上的Delete键删除"高斯模糊(旧版)"，如图7-45所示。

图7-44

图7-45

STEP 2 执行【图层】>【新建】>【纯色】命令，如图7-46所示，设置【名称】为"地爆光"。执行【效果】>【模拟】> CC Particle World命令，如图7-47所示。

图7-46　　　　　　　　　　　　　　　　图7-47

STEP 3 在CC Particle World选项中，设置Birth Rate为5.5，Physics > Animation为Fire，Velocity为2.00，Particle > Particle Type为Faded Sphere，设置Birth Size为0.420，Death Size为0.630，如图7-48所示。

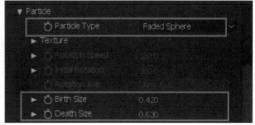

图7-48

STEP 4 最终效果如图7-49所示。

图7-49

7.4.3 ▶ 技术总结

　　本节通过对"地爆"案例的讲解，相信读者对After Effects CC软件中CC粒子仿真世界、高斯模糊以及发光效果有了深入的了解。这类特效在游戏动画领域的应用也极为广泛。

| 7.5　房屋倒塌 🔍

　　素材文件： 素材文件/第7章/7.5房屋倒塌
　　案例文件： 案例文件/第7章/7.5房屋倒塌.aep
　　视频教学： 视频教学/第7章/7.5房屋倒塌.mp4
　　技术要点： 熟悉After Effects CC中【碎片】、【线性擦除】特效命令的使用

7.5.1 ▶ 案例思路

　　本案例主要介绍房屋倒塌的效果，首先对建筑类的图片素材进行前期处理，利用碎片特效来模拟破碎的效果，最后为了体现真实性又加入烟雾素材。

7.5.2 ▶ 制作步骤

　　1. 粒子替换

STEP 1 新 建 项 目 和 H D V / H D T V 720 25预设合成，设置【持续时间】为0:00:02:00，如图7-50所示。

STEP 2 双击【项目】面板的空白处，查找素材路径，导入素材"7.5 烟雾素材序列""7.5 图片素材.jpg""7.5 图片素材1.png"，如图7-51所示。将"7.5 图片素材.jpg""7.5 图片素材1.png"拖曳到时间线面板中，按键盘上的P键，设置【位置】为"154.0,418.0"，如图7-52所示。

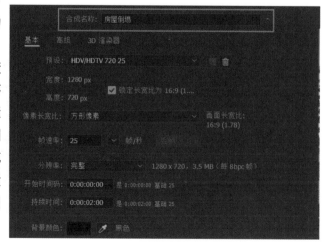

图7-50

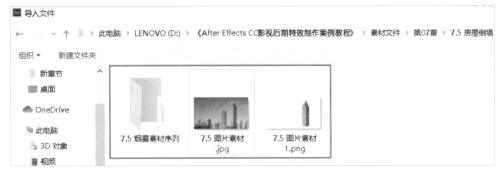

图7-51

图7-52

STEP 3 选择"7.5 图片素材1.png",执行【效果】>【模拟】>【碎片】命令,设置【视图】为"已渲染",【形状】>【图案】为【玻璃】,【重复】为70.00,【作用力1】>【位置】为"930.0,158.0",【半径】为0.20,如图7-53所示。

STEP 4 将"7.5 烟雾素材序列.png"拖曳到时间线面板中,单击工具栏上的【选取工具】,向左移动素材,使烟雾和倒塌效果匹配,如图7-54所示。

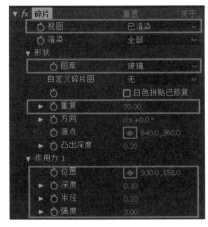

图7-53

图7-54

2. 最终效果合成

STEP 1 选择"7.5 烟雾素材序列.png"素材,执行【效果】>【过渡】>【线性擦除】命令,设置【过渡完成】为47%,【擦除角度】为"1×+178.0°",【羽化】为70.0,如图7-55所示。

图7-55

STEP 2 最终效果如图7-56所示。

图7-56

7.5.3 技术总结

本节通过对"房屋倒塌"案例的讲解，让读者了解After Effects CC软件中碎片特效、线性擦除等功能的设置和应用。本案例巧妙地运用单体建模素材创建倒塌效果，最后加入烟雾特效模拟真实的倒塌场景。

综合案例

本章主要讲解在实际案例中各种影视特效命令和技巧的综合应用。通过本章的学习，读者可以将前7章所讲解的内容应用于实际项目，掌握影视合成特效的制作方法和技巧。通过对本章影视特效、游戏特效和栏目广告3种类型案例的综合讲解，使读者了解不同领域不同案例的制作方法和要领，以便在今后的创作中，制作出更加专业化的影视特效合成短片。

8.1 影视特效

素材文件： 素材文件/第8章/8.1影视特效

案例文件： 案例文件/第8章/8.1影视特效.aep

视频教学： 视频教学/第8章/8.1影视特效.mp4

技术要点： 熟悉After Effects CC中【色阶】、【曲线】、【追踪摄像机】、Form、Real Grow特效命令的综合运用

8.1.1 案例思路

本案例是通过给实拍视频素材添加特效的方式来实现的，主要讲解影视特效中3D跟踪技术、外置插件Form粒子和Real Grow的参数设置及使用技巧，让读者掌握影视特效中视频添加粒子特效的制作方法。

8.1.2 制作步骤

1. 视频校色与剪切

STEP 1 新建项目和【HDV/HDTV 720 25】预设合成，设置【帧速率】为30帧/秒，【持续时间】为0:00:22:02，如图8-1所示。

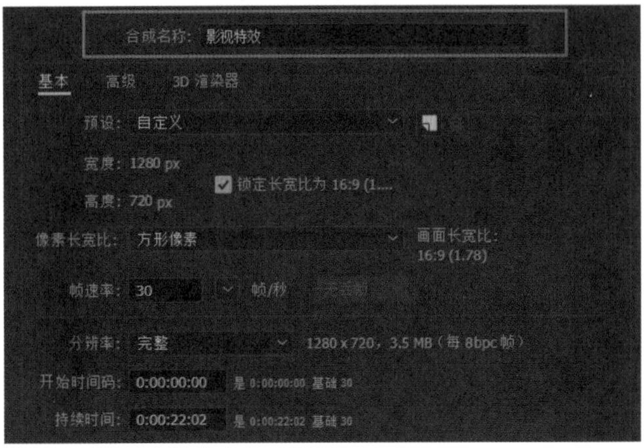

STEP 2 双击【项目】面板的空白处，在弹出的【导入文件】对话框中，导入"8.1视频素材.mp4"作为素材，拖曳到时间线面板中，如图8-2所示。

图8-1

图8-2

STEP 3 执行【图层】>【新建】>【调整图层】命令，如图8-3所示。选择"调整图层1"，执行【效果】>【颜色校正】>【色阶】命令，设置【输出白色】为138.0，如图8-4所示。执行【效果】>【颜色校正】>【曲线】命令，设置【红色】、【绿色】为"曲线"，如图8-5所示。视频画面由白天变成黑夜。

图8-3

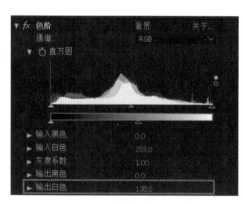

图8-4

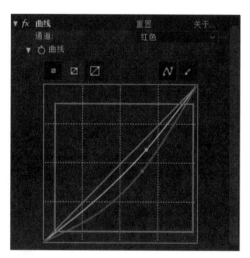

图8-5

STEP 4 选择"8.1视频素材"，将【当前时间指示器】拖曳到0:00:12:25处，按键盘上的快捷键Ctrl+Shift+D，将视频切分两段，如图8-6所示。选择上方的"8.1视频素材"，将【当前时间指示器】拖曳到0:00:20:28处，按键盘上的快捷键Alt+[，对视频尾部进行剪切，将中间的"8.1视频素材"重命名为"8.1视频素材2"，如图8-7所示。

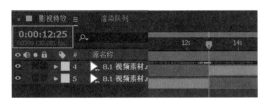

图8-6　　　　　　　　　　　　　　　　　图8-7

2. 3D跟踪与形状图层

STEP 1 选择"8.1视频素材2"，执行【动画】>【跟踪摄像机】命令，如图8-8所示，等待3D跟踪计算，效果如图8-9所示。

图8-8　　　　　　　　　　　　　　　　　图8-9

STEP 2 选择"8.1视频素材2"，设置跟踪点，如图8-10所示。单击鼠标右键，执行快捷菜单中的【创建实底】命令，如图8-11所示。

图8-10　　　　　　　　　　　　　　　　　图8-11

> **提 示**
>
> 跟踪摄影机时可执行如下操作。
> * 创建实底：生成一个纯色层，用来限定跟踪范围。
> * 创建文本：生成一个文本层和3D跟踪摄像机。
> * 创建空白：生成一个空白层和3D跟踪摄像机。

STEP 3 执行【图层】>【新建】>【形状图层】命令，如图8-12所示。选择▣(3D图层)图标，分别选择"形状图层1""跟踪实底1"，按键盘上的P键，展开【位置】属性，选择【跟踪实底1】下的【位置】，按键盘上的快捷键Ctrl+C进行复制，选择"形状图层1"，按键盘上的快捷键Ctrl+V进行粘贴，使两个图层的位置信息保持一致，如图8-13所示。

图8-12　　　　　　　　　　　　　　　　　　　图8-13

STEP 4 选择"形状图层1"，执行【形状图层1】>【添加】>【矩形】命令，重复刚才的操作，执行【形状图层1】>【添加】>【描边】命令，这样创建一个带有白色描边的小矩形，如图8-14所示。设置【形状图层1】>【内容】>【矩形路径1】>【大小】为"1875.0,1875.0"，如图8-15所示。设置【形状图层1】>【内容】>【描边宽度】为8.0，如图8-16所示。设置【形状图层1】>【变换】>【位置】为"584.1,754.3,4955.6"，【Y轴旋转】为"0×-15.0°"，如图8-17所示。

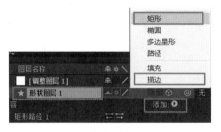

图8-14

图8-15

图8-16

图8-17

STEP 5 选择"形状图层1"，将【当前时间指示器】拖曳到0:00:13:12处，按键盘上的快捷键Alt+[向左进行剪切，如图8-18所示。

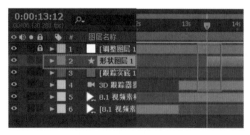

图8-18

STEP 6 选择"形状图层1"，执行【添加】>【修剪路径】命令，如图8-19所示。将【当前时间指示器】拖曳到0:00:13:12处，设置【修剪路径】>【开始】为100.0%，如图8-20所示。将【当前时间指示器】拖曳到0:00:14:09处，设置【修剪路径】>【开始】为0.0%，如图8-21所示。

将【当前时间指示器】拖曳到0:00:13:21处，设置【修剪路径1】>【偏移】为"0×+0.0°"，
如图8-22所示。将【当前时间指示器】拖曳到0:00:14:01处，设置【修剪路径】>【开始】为
"0×+-98.0°"，如图8-23所示。

图8-19

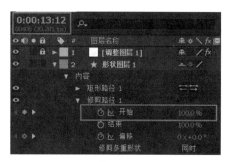

图8-20

图8-21

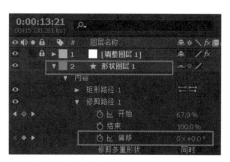

图8-22

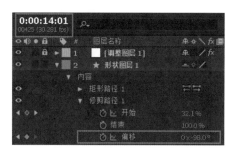

图8-23

STEP 7 选择"形状图层1"，按键盘上的快捷键Ctrl+D进行复制，选择新复制出的"形状图层
2"，设置【Z轴旋转】为"0×+45.0°"，如图8-24所示。选择"形状图层2"，按键盘上的快
捷键Ctrl+D，继续进行复制；选择"形状图层3"，展开【内容】选项，删除"矩形路径1"，执
行【添加】>【椭圆】命令，生成一个椭圆形状，如图8-25所示。设置【椭圆路径1】>【大小】
为"930.0,930.0"，如图8-26所示。

图8-24

图8-25

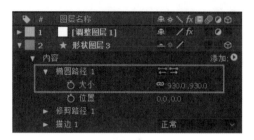

图8-26

STEP 8 选择"椭圆路径1""修剪路径1""描边1"三个图层,按键盘上的快捷键Ctrl+G,生成"组1",如图8-27所示。选择"组1",按键盘上的快捷键Ctrl+D进行复制,生成"组2"。删除【组2】>【椭圆路径1】,执行【添加】>【矩形路径1】命令,设置【矩形路径1】>【大小】为"539.0,539.0",如图8-28所示。

图8-27

图8-28

3. 光效制作与合成

STEP 1 执行【图层】>【新建】>【纯色】命令,设置【名称】为"粒子光1",将其拖曳到"调整图层1"下方,如图8-29所示。将【当前时间指示器】拖曳到0:00:13:12处,按键盘上的快捷键Alt+[进行剪切,如图8-30所示。

图8-29

图8-30

STEP 2 设置Form > Base Form为Box - Strings,Size XYZ为2930,Strings in Y为254,Strings in Z为1,Position为"584.1,754.3,4955.6",Y Rotation为"0×-15.0°",如图8-31所示,分别取消选中"形状图层1""形状图层2"和"形状图层3"左侧的 ◉(显示)图标。

STEP 3 设置Form > Layer Maps(Master) > Color and Alpha > Layer为"5.形状图层1",Functionality为"A to A",Map Over为XY,如图8-32所示。

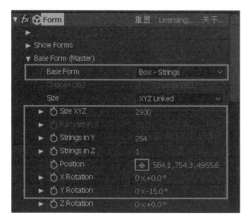

图8-31

图8-32

STEP 4 设置Form > Size为XYZ Individual，Size X为7510，Size Y为3450，Size Z为500，Position为"584.1,141.3,4955.6"，String Settings > Size Random(%)为22，如图8-33所示。

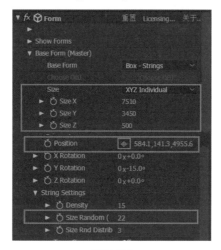

图8-33

> **提 示**
>
> 　Form一般用来制作液体、复杂有机图案、复杂几何学结构和漩涡动画。将其他层作为贴图，使用不同参数，可以进行无止境的独特设计。

STEP 5 设置Particle(Master) > Size Random(%)为68，如图8-34所示。选择"粒子光1"，执行【效果】> JAe Tools > Real Glow命令，如图8-35所示。更改"粒子光1"的图层模式为"相加"。设置Real Glow>【辉光强度】为2.20，【辉光模式】为"添加"，勾选【启用色调】复选框，设置【色调】为"橘红色(R:255,G:83,B:0)"【色调模式】为"柔软"，如图8-36所示。

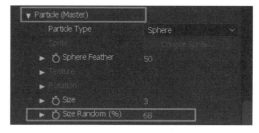

图8-34

图8-35 图8-36

STEP 6 选择"粒子光1"，按键盘上的快捷键Ctrl+D，复制新图层，重命名为"粒子光2"，选择"粒子光2"，设置Form > Layer Maps(Master) > Color and Alpha > Layer为"5.形状图层2"，如图8-37所示。重复上一步操作，选择"粒子光2"，按键盘上的快捷键Ctrl+D，复制新图层，重命名为"粒子光3"，选择"粒子光3"，设置Form > Layer Maps(Master) > Color and Alpha > Layer为"5.形状图层3"，如图8-38所示。

图8-37 图8-38

STEP 7 设置图层错位效果，选择"形状图层2"，将其拖曳到0:00:13:23处，如图8-39所示。选择"形状图层3"，将其拖曳到0:00:14:04处，如图8-40所示。

图8-39 图8-40

STEP 8 最终效果如图8-41所示。

图8-41

8.1.3 技术总结

通过本节的讲解，读者应该熟练掌握After Effects CC中影视特效的制作方法了。本案例的效果是当下十分流行的3D跟踪视频特效，与主流APP的模板特效相比，真实性更强。

| 8.2　游戏特效　　　　　　　　　　🔍　　　　　

素材文件： 素材文件/第8章/8.2游戏特效

案例文件： 案例文件/第8章/8.2游戏特效.aep

视频教学： 视频教学/第8章/8.2游戏特效.mp4

技术要点： 熟悉After Effects CC中【碎片】、【曲线】、【内阴影】、【斜面和浮雕】、【填充】特效命令的综合运用

8.2.1 案例思路

本案例主要简单介绍After Effects CC软件中文本颜色的填充及随机色相的动画设置，使读者对文本色彩闪烁效果的制作有全新的认识。通过给静帧图片素材添加特效的方式来实现墙壁破碎的效果，包括墙皮碎裂的参数设置和颜色填充，让读者掌握影视特效中游戏片头特效的制作方法。

8.2.2 制作步骤

STEP 1 新建项目和【HDV/HDTV 720 25】预设合成，设置【持续时间】为0:00:05:00，如图8-42所示。

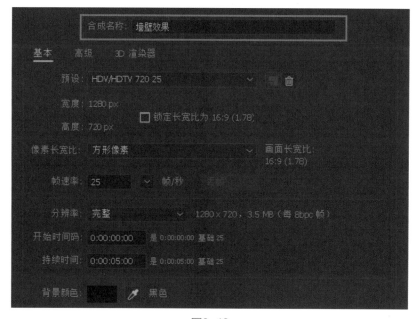

图8-42

STEP 2 双击【项目】面板的空白处，在弹出的【导入文件】对话框中，导入"8.2素材.jpg""8.2素材1.png"作为素材，拖曳到时间线面板中，如图8-43所示，效果如图8-44所示。

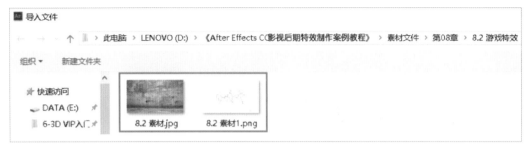

图8-43

图8-44

STEP 3 执行【图层】>【预合成】命令，在弹出的对话框中设置【新合成名称】为"背景"，选择【保留"墙壁效果"中的所有属性】单选按钮，如图8-45所示。

图8-45

STEP 4 单击工具栏上的T(横排文字工具)，在【合成 墙壁效果】窗口中输入"游戏特效"，设置【填充颜色】为"R:76,G:74,B:74"，如图8-46所示。选择"游戏特效"文字图层，执行【图层】>【预合成】命令，设置【新合成名称】为"游戏特效 合成1"，如图8-47所示。

图8-46

图8-47

STEP 5 双击"游戏特效 合成1"进入文字层内部,如图8-48所示。将"8.2 素材1.png"拖曳到时间线面板中,如图8-49所示。执行【图层】>【新建】>【调整图层】命令,执行【效果】>【生成】>【填充】命令,设置【填充】>【颜色】为"R:60,G:60,B:60",如图8-50所示。

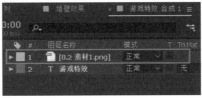
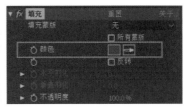

图8-48　　　　　　　　　　图8-49　　　　　　　　　　图8-50

STEP 6 双击"背景"进入图层内部,设置RGB、【红色】的曲线形状,如图8-51所示。

STEP 7 退出"背景"图层内部,设置【模式】为"相乘",如图8-52所示,效果如图8-53所示。

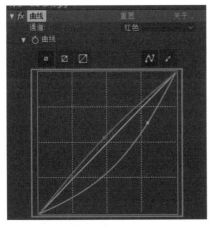

图8-51　　　　　　　　　　　图8-52

图8-53

STEP 8 ▶ 选择"游戏特效 合成1"图层,执行【图层】>【图层样式】>【内阴影】命令,设置【内阴影】>【角度】为"0×+90.0°",【距离】为3.0,【大小】为9.0,如图8-54所示。

STEP 9 ▶ 执行【图层】>【图层样式】>【斜面和浮雕】命令,设置【斜面和浮雕】下的【样式】为"外斜面",【方向】为"向下",【大小】为2.0,【柔化】为1.3,如图8-55所示。

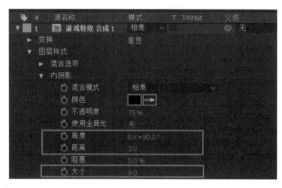

图8-54

图8-55

提 示

常用图层样式介绍如下。

★ 内阴影:一般用来增强字体或者图形的真实效果。

★ 斜面和浮雕:一般用来表现物体的石雕质感。

STEP 10 ▶ 选择"背景"图层,按键盘上的快捷键Ctrl+D,复制新图层,重命名为"背景1",如图8-56所示。执行【图层】>【预合成】命令,弹出【预合成】对话框,设置【新合成名称】为"爆炸",选择【将所有属性移动到新合成】单选按钮,如图8-57所示。

图8-56

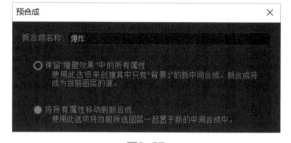

图8-57

STEP 11 ▶ 双击"爆炸"进入图层内部,将"游戏特效 合成1"拖曳到时间线面板中,如图8-58所示。设置"背景1"的【轨道遮罩】为【Alpha遮罩"[游戏特效 合成1]"】,如图8-59所示,效果如图8-60所示。选择"游戏特效 合成1"和"背景1",如图8-61所示。执行【图层】>【预合成】命令,设置【新合成名称】为"字体合成",如图8-62所示。

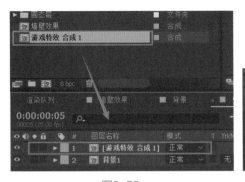

图8-58

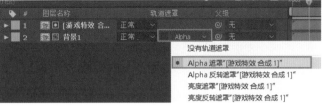

图8-59

图8-60

图8-61

图8-62

STEP 12 选择"字体合成"，执行【效果】>
【模拟】>【碎片】命令，设置【碎片】>【视图】
为"已渲染"，【渲染】为"块"，【形状】>
【图案】为"玻璃"，【重复】为50.00，【作用
力1】>【深度】为0.05，【半径】为0.20，【强
度】为0，如图8-63所示。

STEP 13 将【当前时间指示器】拖曳到0:00:00:09
处，在【碎片】>【作用力1】下，设置【位置】为
"-52.0,318.0"，如图8-64所示。将【当前时间
指示器】拖曳到0:00:02:00处，设置【作用力1】
下的【位置】为"1370.0,318.0"，如图8-65所示。

图8-63

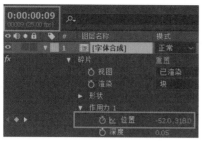

图8-64

图8-65

STEP 14 设置【物理学】>【旋转速度】为1.00，设置【随机性】为1.00，如图8-66所示。回到"墙壁效果"图层，将"游戏特效 合成1"与"爆炸"进行上下位置互换，如图8-67所示，效果如图8-68所示。

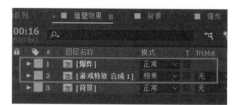

图8-66

图8-67

图8-68

STEP 15 在【项目】面板中，选择"爆炸"，按键盘上的快捷键Ctrl+D，复制出新图层"爆炸2"，如图8-69所示。选择"爆炸2"，设置【碎片】>【强度】为0，【物理学】>【旋转速度】为0，【随机性】为0，【粘度】为0，【大规模方差】为0%，【重力】为0，如图8-70所示。

图8-69

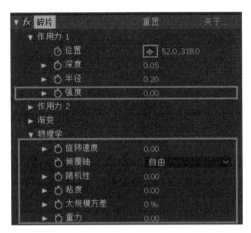

图8-70

STEP 16 回到"墙壁效果"图层,选择"游戏特效 合成1",按键盘上的快捷键Ctrl+Shift+C进行预合成,设置【新合成名称】为"游戏特效 合成2",选择【保留"墙壁效果"中的所有属性】单选按钮,如图8-71所示。双击"游戏特效 合成2"进入内部,将【项目】面板中的"爆炸2"拖曳到下面,如图8-72所示。

图8-71

图8-72

STEP 17 设置"游戏特效 合成1"的【轨道遮罩】为"Alpha遮罩'爆炸2'",【新合成名称】为"游戏特效 合成2",选择【保留"墙壁效果"中的所有属性】单选按钮,双击"游戏特效 合成2"进入内部,将【项目】面板中的"爆炸2"拖曳到下面,如图8-73所示。

图8-73

STEP 18 选择"爆炸",按键盘上的快捷键Ctrl+D进行复制,重命名为"爆炸阴影",将其选中,执行【效果】>【生成】>【填充】命令,设置【填充】>【颜色】为"黑色",如图8-74所示。执行【效果】>【模糊和锐化】> CC Radial Blur命令,设置Type为Fading Zoom,Amount为8.0,Center为"654.0,-308.0",如图8-75所示。

| 图8-74 | 图8-75 |

STEP 19 回到【爆炸效果】，最终效果如图8-76所示。

图8-76

8.2.3 技术总结

本节通过对"游戏特效"案例的讲解，让读者了解After Effects CC软件中内阴影、碎片等效果的设置和应用。本案例巧妙地运用多个轨道蒙版合成创建墙裂效果，最后加入碎片和模糊特效模拟文字破碎效果。

8.3 栏目广告

素材文件： 素材文件/第8章/8.3栏目广告

案例文件： 案例文件/第8章/8.3栏目广告.aep

视频教学： 视频教学/第8章/8.3栏目广告.mp4

技术要点： 熟悉After Effects CC中Particular、Starglow、【亮度遮罩】、【提取】、Optical Flares特效命令的综合运用

8.3.1 案例思路

本案例通过给Cinema 4D渲染的《文明之光》栏目三维素材添加灯光特效的方式来实现广告效果，主要讲解了影视特效中Particular粒子插件、Starglow星光插件和Optical Flares镜头耀斑插件的参数设置及使用方法。

8.3.2 制作步骤

STEP 1 双击【项目】面板的空白处，在弹出的【导入文件】对话框中，导入"A.aec"作为素材，如图8-77所示。

图8-77

STEP 2 在【项目】面板中，双击A图层，如图8-78所示。选择"灯光"所有层，按键盘上的Delete键进行删除，如图8-79所示。

图8-78

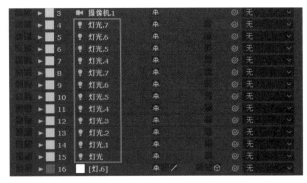

图8-79

STEP 3 选择"A[0000…0].tif"，按键盘上的快捷键Ctrl+D进行复制，隐藏下方的"A[0000…0].tif"，如图8-80所示。将【项目】面板中的"1_object_1_[0000-0090].jpg"拖曳到"A[0000…0].tif"的上方，如图8-81所示。

图8-80

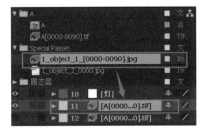

图8-81

STEP 4 设置"A[0000…0].tif"图层的Trk Mat为【亮度遮罩"[1 object 1[0000…0090].jpg]"】，如图8-82所示。选择"1 object 1[0000…0090].jpg""A[0000…0].tif"两个图层，按键盘上的快捷键Ctrl+Shift+C进行预合成，设置【新合成名称】为"阴影"，将其拖曳到最下方，取消选中◎(显示)图标，如图8-83所示。

图8-82

图8-83

STEP 5 再次将【项目】面板中的"1_object_1_[0000-0090].jpg"拖曳到"A[0000…0].tif"的上方，如图8-84所示。设置"A[0000…0].tif"图层的Trk Mat为"亮度反转遮罩"[1_object_1_[0000-0090].jpg]"'"，如图8-85所示。选择"1 object 1[0000…0090].jpg""A[0000…0].tif"两个图层，按键盘上的快捷键Ctrl+Shift+C进行预合成，设置【新合成名称】为"文字"，如图8-86所示。

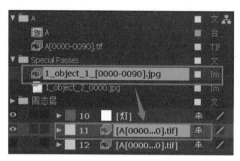

图8-84

图8-85

图8-86

STEP 6 选择"文字"图层，按键盘上的快捷键Ctrl+D进行复制，重命名为"文字1"，隐藏"文字"和"阴影"两个图层，如图8-87所示。选择"文字1"图层，执行【效果】>【抠像】>【提取】命令，设置【提取】>【黑场】为227，如图8-88所示。

图8-87

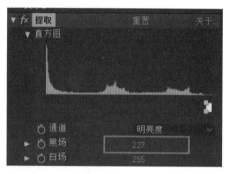

图8-88

STEP 7 执行【效果】> RG Trapcode > Starglow命令，设置Colormap A > Color为"蓝色(R:22,G:19,B:255)"，如图8-89所示。设置Colormap B > Color为48.0，【发光强度】为"粉红色(R:250,G:10,B:179)"，显示所有图层，如图8-90所示。

图8-89

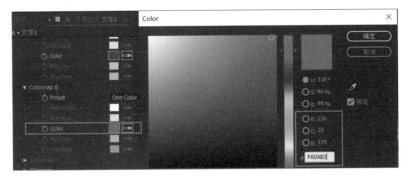

图8-90

STEP 8 执行【图层】>【新建】>【纯色】命令，设置【名称】为"粒子"，如图8-91所示。

STEP 9 选择"粒子"，按键盘上的快捷键Ctrl+Shift+C进行预合成，设置【新合成名称】为"粒子 合成1"，如图8-92所示。双击"粒子 合成1"进入内部，执行【效果】> RG Trapcode > Particular命令，设置Emitter(Master) > Particles/sec为200，Emitter Size为XYZ Individual，Emitter Size X为1759，Emitter Size Y为721，Emitter Size Z为1019，如图8-93所示。

图8-91

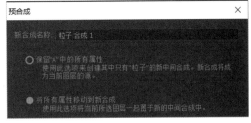

图8-92

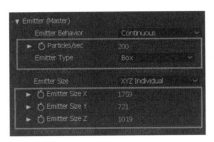

图8-93

STEP 10 设置Particle(Master) > Life[sec]为4.3，Life Random[%]为35，Size为20.0，如图8-94所示。设置Size over Life、Opacity over Life为如图8-95所示的形态。设置Set Color为"蓝色(R:114,G:7,B:211)"，Color Random[%]为69.0，如图8-96所示。

图8-94

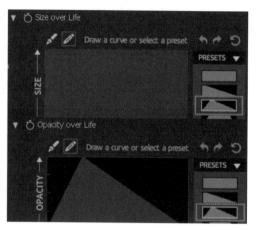

图8-95

图8-96

STEP 11 回到A图层，将"粒子 合成1"拖曳到"文字"图层上方，开启 ⬡ (3D图层-允许在3维中操作此图层)，设置【粒子 合成1】>【位置】为"588.0,567.0,163.0"，【方向】为"90.0°,0.0°,0.0°"，如图8-97所示。

图8-97

STEP 12 执行【图层】>【新建】>【纯色】命令，设置【名称】为"灯光"，如图8-98所示。执行【效果】> Video Copilot > Optical Flares命令，设置Optical Flares中的Options选项，单击【清除所有】按钮，如图8-99所示。

图8-98

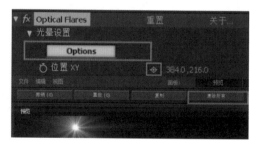

图8-99

STEP 13 单击右侧的【辉光】和【光线】，然后单击OK按钮，如图8-100所示。将【灯光】拖曳【粒子 合成1】上方，设置Optical Flares >【位置模式】>【来源类型】为3D，如图8-101所示。

图8-100　　　　　　　　　　　图8-101

STEP 14 设置Optical Flares >【位置XY】为"56.0,567.0"，【位置Z】为163.0，【颜色】为"紫罗兰色(R:248,G:11,B:178)"，【灯光】模式为"相加"，如图8-102所示。

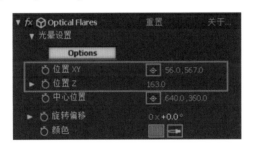

图8-102

STEP 15 选择"灯光"，按键盘上的快捷键Ctrl+D进行复制，重命名为"灯光1"，如图8-103所示。设置【位置XY】为"-929.0,485.0"，【位置Z】为-47.0，【颜色】为"浅蓝色(R:154,G:162,B:255)"，如图8-104所示。选择"灯光1"，按键盘上的快捷键Ctrl+D进行复制，重命名为"灯光2"，设置【位置XY】为"1078.0,485.0"，【位置Z】为-47.0，如图8-105所示。

图8-103

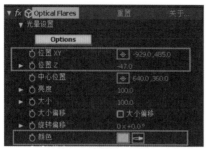

图8-104   图8-105

STEP **16** 最终效果如图8-106所示。

图8-106

8.3.3 技术总结

　　通过本案例的讲解，读者应该已经掌握栏目广告案例的制作方法了。这是一个综合性极强的案例，具有一定的制作难度，分别采用三维渲染素材和外置光效插件，三维灯光素材与外置粒子插件相互配合，这些都是构成本案例的重点知识。读者灵活运用这些技巧，在今后面对复杂的项目时，就会游刃有余。